湘西非物质文化遗产丛书

湘西苗族银饰锻制技艺

田特平　田茂军　陈启贵　石群勇　著

湖南师范大学出版社

湘西非物质文化遗产丛书

总　序

　　把文化遗产划分为物质文化遗产和非物质文化遗产两种类型，并将两者同等看待和重视，这无疑有利于深化人们对文化遗产的认识。然而，这种划分其实并不是科学的，因为从哲学的层面来说，宇宙间的万事万物都是客观的、物质的，而物质又是不灭的、第一性的。如果我们人为地把原本是物质的文化遗产分为物质的和非物质的，其结果只能引起人们对文化问题的新的纷争。不过，客观地说，近些年来，政府部门越来越关注本属物质文化遗产的那些非物质文化遗产的保护、开发、利用和宣传，这确实是值得额手称庆的。因为这样，我们就不会让那些由我们的祖先所创造的如今又濒临灭绝的"文化遗产"在我们这一代人的手中消失，这也是一件功在千秋的好事。正是在这样的背景下，湖南师范大学出版社出版《湘西非物质文化遗产丛书》，这也是具有重大意义的。

　　湘西土家族苗族自治州（以下简称湘西自治州或湘西州）是我省少数民族聚居的地方。这里历史悠久，人杰地灵，民族文化源远流长，物质的和非物质的文化遗产资源非常丰富。湘西自治州也是国家民族民间文化遗产保护工程的综合试点单位，其民族民间文化遗产的保护工作一直得到党和政府的高度重视和大力支持。2006 年，经过国家的严格评审，在湘西自治州众多的非物质文化遗产中，有 7 个项目进入首批国家级非物质文化遗产名录，有 22 个项目进入首批省级非物质文化遗产名录。此时此刻，湘西自治州顺应时势和民意，及时用文字和丛书的形式，将众多的易于流失的非物质文化遗产完整地保存下来，留下永恒的记忆，这无论在当前还是在将来都是远见卓识之举，可喜可贺。

　　众所周知，文化是观照历史、洞见未来的镜子。非物质文化遗产蕴涵着一个民族特有的精神价值和思维方式，体现着一个民族的生命力和创造力，影响着一个民族的生存方式和生活方式，可以毫不夸张地说，非物质文化遗产是人类文明的瑰宝。同时，非物质文化遗产是不可再生的珍贵资源，保护和宣传优秀民族文化遗产既是各级政府的历史责任，又是一代又一代文化人的神圣使命。值得注意的是，随着经济全球化趋势和现代化进程的加快，非物质文化生态正在发生巨大变化，其生存环境受到严重威胁，许多重要文化遗产面临着消亡或失传的危险。面对此情此景，如果我们不及时加以抢救，那我们将上愧对祖先、下愧对子孙，留下千古遗憾。因此，无论是从对国家和历史负责的角度，还是从维护国家文化安全的高度，抓紧保护非物质文化遗产都是刻不容缓并非做不可的紧迫要务。

即将面世的《湘西非物质文化遗产丛书》，计划用五年的时间，将湘西的非物质文化遗产分调查报告、资料汇编、研究专著三大块，列民俗、文学、戏剧、舞蹈、音乐、语言、建筑、工艺美术、传统体育等九个系列，从中精选有代表性的项目进行整理汇编成书，逐年分批出版。这套丛书的编纂，重在对非物质文化遗产资料的抢救和整理，它所记录的文化遗产是原生态的、不可复制的。丛书资料的采集、整理、编纂者们，是一批有识有志之士，民族的图腾深深地烙印在他们的心灵上，民间的灵性源源地流淌在他们的血液里。他们坚信：全球化、现代化进程与非物质文化遗产的保护是并行不悖的，决不能在这一进程中让祖先创造和传承下来的文化就此断裂，更不能让民族千百年来的记忆瞬刻抹掉。现代社会快节奏的发展，特别是世俗化和功利性的盛行，极大地破坏了人们宁静的心态，浮躁、非理性、急功近利、终极关怀缺失等"时代病症"愈来愈明显。就是在这样的情势下，虽然我们有的学者也失去了昔日的斯文，对学理的关注远不如过去那么执着、钟情，但在湘西自治州却有一批研究非物质文化遗产的本土专家，他们远离功名利禄，保持平常心态，怀着一种强烈的责任感，奔走在荒山野岭，穿梭于偏远乡村，苦读史志典籍，埋首于收集整理，积数年、十数年甚至数十年之艰辛，终于为广大读者奉献出这一套饱含着大量第一手珍贵资料的非物质文化遗产丛书，真是难能可贵。当前，非物质文化遗产的研究还刚刚起步，尚属冷门话题，因而湘西自治州的这套丛书难免挂一漏万，难免存在这样或那样的不足与纰漏，但其中所具有的原创性、开拓性价值却很能让人深思、耐人寻味。我相信，这套丛书的出版必将扩大人们对非物质文化遗产的了解，加深对非物质文化遗产的认识，也必将为保护和宣传湘西自治州的非物质文化遗产起到很好的引导和推动作用。

我曾经说过，张家界是一幅画，永州是一部书。因为当时在我看来，张家界之所以是一幅画，是因为张家界有黄石寨、天子山、黄龙洞等闻名于世的自然风光，而自然风光则是上苍的恩赐，不是人类的创造，从本质上说，自然奇观不属于文化的范畴；而永州则不仅有诸多的自然美景，而且还因为有以柳宗元、周敦颐等流芳千古的文化大家而使自己的文化底蕴格外厚重，所以我认为永州是一部书。现在看来，我的这个说法失之偏颇，有些片面。因为不论过去和现在，张家界和永州一样，同样拥有秀丽的自然景观和厚重的人文底蕴，所以，张家界也好，永州也罢，都应该既是一幅画，也是一部书。由此推断，湘西自治州拥有里耶秦简、土司王城、凤凰古城等历史文化名城，拥有沈从文、黄永玉、宋祖英等文化艺术名人，拥有南方长城、猛洞河、齐梁洞、德夯、小溪等自然风景名胜，因此，湘西自治州也应该既是一幅画又是一部书。特别是近些年来，湘西自治州的文化旅游和旅游文化快速发展，知名度和美誉度越来越高，正在铸造神秘湘西游品牌。湘西自治州的神秘就在文化之中，特别是神秘在非物质文化遗产方面。湘西的文化与旅游紧密结合，浑然天成。文化成为旅游的灵魂，旅游成为文化的载体。今天的文化就是明天的经济，要想文化经济化，必须经济文化化。湘西自治州对非物质文化遗产的挖掘梳理和公开出版，必将从一定程度上光扬灿烂的文化，推进可持续发展的经济，使文化的研究释放经济的潜能，让经济的发展更具文化的含量，为建设社会主义先进文化作出新的更大的贡献。我们坚信，湘西自治州的明天一定会更加美好！

寥寥数语，权且为序。

文选德
（原中共湖南省委副书记、湖南省政协副主席）
2006 年 8 月于长沙书石斋

序　言

　　湘西是一块神秘的土地，横贯版图的酉水流域有无数文化冲积原，多处发掘出旧石器、新石器时期遗址，证明自古以来这里就有土著民族生存繁衍。五千多年前，以蚩尤为首的九黎苗蛮集团在江汉一带活动期间，这里就已跨进了稻作农耕期。禹时"三苗"徙入，成为有史可查的主体民族之一。周代辟荆州，湘西被纳入版图；先秦时巴蜀五子入主五溪，属最早迁入的土家族巴人祖先。待江汉流域的濮人进入湘西之后，即奠定了土家、苗、汉和土著民族相依邻、相融合的民族社区分布格局。

　　多元的古老民族创造着多元的神秘文化。这些文化遗韵深蕴在"不与中国（中原）通"的蛮荒之地，流淌在湘西民众的血脉之中，融汇在各个层面的精神生活领域里，成为荆楚文化不可或缺的有机体。时代的进步，思想的进化，汉族文化的濡染与熏陶，虽使得它随步换形，移风易俗，但是从根荄上看，其遗传基因依然固守着民族的个性与特质。那些与民族的命运胶着在一起的种种民俗与信仰，文学与艺术，仍以卓尔不群的风姿存活在民族土壤与植被中。

　　文选德同志在总序中指出："湘西自治州的神秘就在文化之中，特别是神秘在非物质文化遗产（以下简称"非遗"）方面"。真可谓一语破的，慧眼独具。湘西境内确实保存着许多鲜为人知、深邃久远、揣摸不透而又不见经传的文化现象。

　　就说民俗吧，土家族的毛古斯、摆手活动、梯玛跳神、跳马，苗族的椎牛、吃猪、接龙、蚩尤戏等祭祖仪式，实为外地所罕见。那么多种让成百上千的村民祖祖辈辈、夜以继日地积极参与的群体活动缘何形成？恐怕谁也难三言两语说个透彻。但至少与湘西先民的历史、境遇、观念、信仰有着千丝万缕的联系。这些仪式扎根在浓重的崇祖意识里，与民族的生死存亡休戚相关。仪式的执掌者，一直居于神圣地位。氏族部落时期，酋长兼任巫师，到了近代，仍然由寨首、族长与祭师共同主持，以致形成长达数千年的传承机制。这些仪式成为湘西神秘文化的种种载体是不言而喻的。

只要稍稍涉猎，人们就不难发现：这些被迷信色彩尘封了几千年的神奇仪式，竟然是一道道令人目不暇接的民俗奇观，饱含着历代祖先匠心独具的艺术创造。这些神话般的瑰宝家珍放之四海而毫不逊色。我们和我们的子孙万代将引以为荣，无比自豪。苗族椎牛祭保留了盘瓠崇拜的遗风，苗族的"吃猪"再现了五千多年前蚩尤与黄帝激战后的和谈仪式。被称为中国戏曲前身的蚩尤戏在中原一带已经绝迹，却被湘西苗族巴代（祭师）保留在自己的坛班里，至今可以搬演。被誉为中国傩坛第一个方相氏的蚩尤，我们仍然可以在州内苗区一睹尊容。土家族的毛古斯是中国史前稻作文化的活化石，摆手活动、梯玛跳神等也不都是一幅幅色彩古朴、风姿绰约的民俗画卷吗？遗存在土家族、苗族祭师口头上和经书中的科仪资料长达数千万言。这些世代传诵的经典，既是恢弘浩瀚的民间文学巨著，又保留了湘西人文史上各个历史阶段曾经拥有而在外地已被现代文化淹没了的种种精神符号。

湘西"非遗"项目涵盖民俗、文学、戏剧、舞蹈、音乐、语言、建筑、工艺美术、传统体育等九个方面。我们将祭祖习俗作为探秘的切入点，除了上述它所固有的神秘属性外，还有三种原因：其一，包括土家族祭师梯玛、苗族祭师巴代在内的历代先民，以睿智与劲勇创造文明，又以虚怀与恭谦吐故纳新。仪式中的神秘色彩不是单一的、浅薄的，它们具备多元性、玄虚性品格。其二，服从传承规则，这些仪式厚古薄今，切忌变异。广大的读者正可因此而鉴赏到最具有本质意义、最是原汁原味的民俗。此其原创性、真实性。其三，祭祖仪式是古代的文化产物，是人类蒙昧童年的智慧。然而时过境迁，现代人凭借自己的双手和智慧，把握命运，开创未来，不再会乞怜于祖先的神赐。那些曾经与民众的精神、生命息息相通的民间信仰，失去了生存的环境与土壤。此其濒危性和时代局限性。从这个意义上说，今后呈现在诸位面前的景观都将是展演品、复制品。那种拥有成千上万人参与的盛典，也许在不久的将来便会消失。

十一届三中全会以来，面对这一批批濒于灭亡的瑰宝家珍，湘西州文化主管部门和相关委局一直从事着文化遗产的抢救、整理与研究工作。仅州民族文艺创作研究所汇集的资料便有两千多万字，录像磁带数十盘，彩照上万张。大量科研成果推出，让人咂舌瞠目——原来在湘西州民族文化原野上还有那么多内涵丰富的"中华古文化之遗"！

然而，很多口述的祖传珍贵资料正保留在年事已高的传承人手中。大部分传承人相继作古，将"六耳不传"的神秘文化或精粹技艺带进了坟墓。目睹一批批国宝、省宝、传家宝稍纵即逝，永不再生，我们的紧迫感和责任感与日俱增。近些年来湘西州正通过各种渠道、采取各种措施对各类濒危的"非遗"品种进行有效保护。一批本土专家、学者和文化人深入土寨苗村，对遗存千年、不可再生的文化资源正进行实地考察、资料搜集和潜心研究，已先后出版了几十种资料性或学术性著作。

湘西非物质文化遗产的多样性、丰富性和神秘性也引起了国家各级文化主管部门、国内外专家学者、读者和广大民众的普遍关注。2004 年文化部将湘西州列为中国"非遗"保护工程第二批综合试点。从那以后，有几十个"非遗"代表品种分别被列为国家级、省级名录项目；有一批人被评为国家级、省级传承人；出版《湘西非物质文化遗产丛书》亦被国家"非遗"保护中心列进了给湘西州下达的《责任书》中。这是千载难逢的极好机遇，为我们的抢救工作带来了信心、希望和保障。

深蕴在我州民族文化原野上的宝藏，品类繁多，内容广泛，远不止民俗这一块。我们从中挑出一批被列为国家级、省级"非遗"名录项目进行研究和著述，首批推出十种专书，约 300 万字，旨在为大家走进湘西、品读湘西提供一些路标或索引。《湘西非物质文化遗产丛书》的面世，分批将科研成果与学习心得奉献给社会，这的确是功德一件，可喜可贺！如果这些专书获得了大家的关爱与支持，那就说明作者们的心血没有白费——因为读者是作品的最公正的裁判。

抢救和保护文化遗产是历史赋予我们的神圣职责！我们将加倍努力，不辱使命，有效实施《保护条例》，精心守护精神家园，也期待各部门和全社会的积极参与。

叶红专

（中共湘西土家族苗族自治州州委副书记、湘西土家族苗族自治州州长）

2009 年 9 月 19 日于吉首

前　言

　　苗族是一个被熠熠银光所包围的民族。苗族的银饰在各民族的首饰中首屈一指，湘西的苗族银饰举世闻名。

　　湘西苗族银饰起源的历史悠久。流传至今的苗族的创世史诗《苗族古歌》中，就记载有关于苗族先民运金运银、造柱撑天、铸日造月的传说，是迄今见到的该民族最早涉及金、银的口碑资料。

　　湘西苗族银饰制作技艺，先后经历了从原始装饰品到岩石贝壳装饰品、从植物花卉饰品到金银饰品的演进历程，传承延续下来，才有了现在的模式和形态基本定型的银饰，其品种式样至今还在不断地翻新，由此形成的饰品链条成为苗族社会演进的象征之一。

　　湘西苗族银饰的创制技艺充分体现了苗族人民聪明能干、智慧机巧、善良友好的民族性格。银饰洁白可爱，纯净无瑕，质地坚硬，正是苗族精神品质的体现。湘西苗族银饰具有丰富多彩的文化内涵。各式各样图案、款式的银饰造型，既散发出浓郁的乡土民间气息，又表现出深厚的民俗文化内涵，同时也显示了一个大民族的辉煌气势。在对外交往中，湘西苗族人民把银饰作为礼品赠送友人，和藏族的哈达、汉族的珠宝一样珍贵。

　　湘西苗族银饰工艺所展现在世人面前的，是一种将民族物质与精神文明密切结合的奇特文化现象。由这种工艺饰品中，极容易观察到与苗族的图腾崇拜、宗教巫术、历史迁徙、民俗生活等方面的意蕴，足以让人透过表相的呈现，体会湘西苗族文化精神方面的本质。可以说，湘西苗族银饰也是中华传统文化中的一枝奇葩。

2005 年 6 月，湘西苗族银饰锻制技艺列入国家首批非物质文化遗产代表作名录，从此开创了湘西苗族银饰保护的新纪元。

田特平

2009 年 12 月 20 日

目 录

第一章　湘西苗族银饰流布地区

第一节　湘西苗族银饰流布地区的地理环境

　　湘西苗族银饰指流行在湘西自治州境内的苗族银饰。湘西苗族银饰主要分布在湘西土家族苗族自治州境内的凤凰、花垣、吉首、保靖、泸溪、古丈等县境内。

　　湘西土家族苗族自治州位于湖南省西北部，是湖南省的"西北门户"，与湖北、贵州、重庆三省市接壤，素为"湘、鄂、渝、黔咽喉"之地。现辖吉首、泸溪、凤凰、古丈、花垣、保靖、永顺、龙山 8 个市县，东北与省内张家界市桑植县、永定区交界；东南与省内怀化市沅陵县、辰溪县、麻阳苗族自治县相邻；西南与贵州省铜仁地区松桃苗族自治县相连；西与重庆市黔江开发区秀山土家族苗族自治县相接；西北与湖北省恩施土家族苗族自治州来凤县、宣恩县毗邻。地理坐标为东经 109° 10′ ~ 110° 22.5′，北纬 27° 44.5′ ~ 29° 38′。全州总面积 15462 平方公里，占湖南省总面积的 7.3%。湘西州现有民族 43 个。2005 年末，全州总人口 268.34 万人，其中有少数民族人口 200.86 万人，占总人口的 74.85%。在少数民族人口中，土家族有 110.59 万人，占总人口的

▲图1-1　依山而居的苗寨

44.21%，占少数民族人口的 55.06%；苗族 88.61 万人，占总人口的 33.02%，占少数民族人口的 44.12%；其他少数民族 1.66 万人，占总人口的 0.62%，占少数民族人口的 0.83%。总的来说，湘西州各民族处于大杂居、小聚居的状态。土家族、苗族主要分布在交通闭塞的乡村，汉族及其他少数民族主要分布在河畔岔口、市镇墟场。土家族主要集中在北半部及中部的永顺、保靖、龙山、古丈、吉首。苗族主要集中在南半部及中部的花垣、凤凰、古丈、泸溪、吉首、保靖。湘西苗族人口居住的情况既集中又分散，大致有三个特点：一是有较大的聚居区，以花垣、凤凰、吉首为中心，共有苗族人口达 50 万，在空间上形成较为集中的带状分布。二是聚族而居。杂居区的苗族，多数是自立村寨，很少与其他民族合村共寨。还有许多苗族村寨是同姓、同"鼓社"居住。三是苗族村寨多半都居住在半山腰和高坡上，形成了人口的垂直分布。

▲图1-2　山腰上的苗寨

　　湘西土家族苗族自治州地处云贵高原东北边缘与鄂西山地交会地带，武陵山脉由东北向西南斜贯全境，地势东南低、西北高，属中国由西向东逐步降低第二阶梯之东缘。西部与云贵高原相连，北部与鄂西山地交界，东南以雪峰山为屏障，武陵山脉蜿蜒于境内。地势由西北向东南倾斜，平均海拔 800～1200 米。西北边境龙

▲图1-3 山顶上的苗寨

▲图1-4 坪坝上的苗寨

山县的大灵山海拔 1736.5 米，为州内最高点；泸溪县上堡乡大龙溪出口河床海拔97.1 米，为州内最低点。东西部为低山丘陵区，平均海拔 200 ~ 500 米，溪河纵横其间，两岸多冲积平原。地貌形态的总体轮廓是一个以山原山地为主，兼有丘陵和小平原，并向西北突出的弧形山区地貌。全州气候属亚热带季风湿润气候区。年平均气温 15 ~ 16.9℃，最高气温 40.5℃，最低气温零下 5.5℃。年降雨量1300 ~ 1500mm，无霜期 250 ~ 280 天。雨量集中在春、夏，多见秋旱。

全州有森林面积 65.32 万公顷，森林覆盖率为 61%，木材蓄积量 2539 万立方米。耕地面积 132.42 万公顷，境内山地面积占总面积的 70%，活立木蓄积量1600 余万立方米，保存有水杉、银杏、香樟等多种孑遗和珍贵树种。全州有牧草面积 58 平方公里，牧草品种 290 多种。州内有天然河道 368 条，主要有酉、澧、武、沅四大水系。酉水在境内长 201 公里，流域面积 1.1 万平方公里，是沅江的一大支流。州内有大小溪流 1000 余条，溪河分布密度为 35 平方公里每条，其中长 5 公里以上、流域面积 10 平方公里以上的溪河 445 条，多由西北向东南汇入澧、酉、沅、武四水。全州溪河径流总量为 133.3 亿立方米，多年平均径流深 760 毫米。水能资源蕴藏量为 168 万千瓦。目前州域发现 63 个矿种，485 处矿产地，位居全国前五名的有锰、汞，居全省前五名的有铅、锌、汞、锰、磷、紫砂陶土、铝土、型砂、钒、黑滑石、含钾页岩等 11 种矿产。州内野生动物资源丰富，共有脊椎动物区系 28 目、64 科、201 种以上；森林昆虫 21 目、131 科、640 种。属国家和省政府规定的保护动物有 68 种。州内野生植物资源品种繁多，共有植物 209 科、897 属、2206 种以上，其中种子植物 174 科、820 属、1980 种，蕨类植物 35 科、77 属、206 种。在野生植物中，珙桐、光叶珙桐、银杏、南方红豆杉、伯乐、香果、水杉等稀有、特有及国家保护种类多，是国家保护植物高密度分布区。

▲图1-5　依山而居的苗寨

　　湘西素以美丽神奇著称，它与国家森林公园张家界毗邻，境内景观密布，异彩纷呈。蜿蜒苗疆180公里的中国南方长城，融漓江之秀丽、集三峡之雄伟的猛洞河，由212洞组成的龙山火岩溶洞群，"凤凰古城"，里耶"秦简"，"小溪国家自然保护区"，"红石林"，"坐龙大峡谷"等，都是镶嵌在湘西的风景明珠。云蒸霞蔚的武陵群峰，河水滔滔的沅江与酉水，景色迷人的森林峡谷，浓郁醉人的民族风情，构成了美丽的湘西风光。

　　在历史发展长河中，土家族、苗族都形成了各自的民族语言、生活方式和民族风情。

▲图1-6　峒河苗寨风光

第二节　湘西苗族银饰流布地区

▲图1-7　湘西土家族苗族自治州

湘西苗族银饰主要流布在南半部及中部交通不便的高山台地地区的花垣、凤凰、古丈、泸溪、吉首、保靖等县。其中流布范围最广泛、种类最多、工艺最精美的要数凤凰苗族银饰。

凤凰苗族银饰主要分布在凤凰县山江地区的山江、麻冲、千工坪、木里等乡镇；腊尔山地区的禾库、米良、柳薄、两林等地；吉信地区的两头羊、三拱桥、大田等乡；阿拉地区的阿拉、落潮井等乡镇以及凤凰城郊的都里乡。

凤凰在春秋时属楚国，为黔中郡地。两汉直至三国，均属于武陵郡辰阳县地。西晋为镡成县地。东晋为舞阳县地。南北朝复为辰阳县地。隋为辰溪县地。唐垂拱三年（687）置渭阳县，后又改为招谕县地，治所在今黄丝桥附近，属锦州卢阳郡，五代仍为渭阳、招谕县地。宋初并入麻阳县，北宋太平兴国七年（982）改隶属招谕县，熙宁八年（1075）废招谕，复置麻阳县，属沅州镡阳郡。元为思州安抚司地。明代洪武七年（1374）置五寨长官司（治所在今沱江镇），永乐三年（1405）将竿子坪元帅府改置竿子坪长官司（治所在今竿子坪），分管苗寨，均属保靖州宣慰司。清康熙三十九年（1700）始独立设厅（散厅），四十三年（1704）设置通判（流官），但土司并未废除，形成土流并存。至康熙四十六年（1707）偏沅巡抚赵申乔以土司田宏天不法，奏准裁革，不予袭替，至此土司制度彻底废除。清雍正四年（1726）于今黄丝桥设凤凰营（因当地有凤凰山得名），并设通判署同驻。乾隆时置凤凰厅，治所在镇竿城（今沱江镇），属辰州府。嘉庆二年（1797）

▲图1-8　凤凰县山江镇雷打坡村苗寨

▲图1-9　凤凰县黄毛坪苗寨

升散厅为直隶厅。1913 年改为凤凰县。1914—1922 年属辰沅道。1937 年属第四行政督察区。1940 年属第九行政督察区。1949 年属沅陵专区。1952 年属湘西苗族自治区。1955 年属湘西苗族自治州。1957 年迄今属湘西土家族苗族自治州。

　　凤凰县地处湖南省西部边缘，湘西土家族苗族自治州的西南角。位于东经 109°18′～109°48′，北纬 27°44′～28°19′。东与泸溪县接界，北与吉首市、花垣县毗邻，南靠怀化地区的麻阳苗族自治县，西接贵州省铜仁地区的松桃苗族自治县。南北长 66 公里，东西宽 50 公里，总面积为 1759.1 平方公里（合 263.87 万亩）。约占全省面积的 0.84%，占全州面积的 8.12%，是一个"八山一水一分田"的较小的山区县。凤凰县地形复杂，东部及东南角的河谷丘陵地带为第一级台阶，以低山、高丘为主，兼有岗地及部分河谷平地，地表切割破碎，谷狭坡陡。一般海拔在 500 米以下，包括竿子坪、吉信、桥溪口、木江坪、官庄、南华山、新场、廖家桥、七良桥、水打田、林峰、沱江镇等地，最低的水打田乡竹子坳海拔 170 米。地表物质以红岩为主，夹有部分石灰岩、面岩，气候较温暖。从东北到西南的中间地带为第二级台阶，海拔 500～800 米，包括茨岩、茶田、黄合、阿拉营、落潮井、麻冲、都里、板畔、千工坪、山江、木里、两头羊、火炉坪及三拱挢、大田的一部分，以中低山和中低山原为主，地势较平缓开阔，谷少坡缓、垅田较多，石灰岩广布，天坑溶洞甚多，气候适中。西北部中山地带为第三级台阶，海拔在 800 米以上，包括米良、柳薄、禾库、两林、腊尔山及太田、三拱挢的一部分。这些地方，地表组成物质中石灰岩占 95%，地表起伏和缓，坡度在 5°～20° 之间。边缘地带，峰峦连绵，谷深坡陡，气候较为寒冷。

　　凤凰县水系属于长江水系，经洞庭湖上溯为沅江水系，再上溯分属武水或辰水水系。县境内大小河流溪沟 156 条，总长 709 公里。河流由西南向东北呈树枝状分布，流域面积在 10 平方公里以上或干流长 5 公里以上的有 40 条。主要河流有四条，其中沱江为县境最大的河流，为武水一级支流，上有二源，其中北源为乌巢河，发源于禾库都沙南山峡谷中，滩险流急，天雨水涨，行旅多阻。沱江从西至东横贯县境中部地区，流经腊尔山、麻冲、落潮井、都里、南华山、沱江镇、官庄、桥溪口、木江坪等9个乡镇。在县境内长96.9公里，流域面积为732.42平方公里。

农业方面，水稻、玉米、甘薯、油菜、豆类种植普遍，盛产烟草、苎麻，"凤凰红晒烟"为特产。森林覆盖率22%，有松、杉、柏等用材林和油桐、油茶、漆树等经济林。汞矿储量丰富，为全省之首。

凤凰苗族银饰以山江苗族银饰为代表。凤凰山江苗族银饰种类繁多、造型独特、工艺精湛，是凤凰苗族银饰最典型的代表。凤凰山江地处苗疆腹地，是纯苗族聚居乡镇，距凤凰县城20公里。清朝时曾有镇压苗民起义的总兵营驻兵于此，因而此地又称总兵营。苗语称此地为"叭固"。民国时期属敦仁乡，解放后，1953年为叭固乡，1958年为叭固公社，1955年，附近修了一座山江水库，为纪念水库给人民带来的好处，1958年改名为山江，1982年改为山江镇。2005年行政区划调整，将原板畔乡并入山江镇。合并后，全镇面积104.2平方公里，共辖21行政村和1个居委会，全镇总人口1.8676万人，其中农业人口1.8316万人，99%以上为苗族。明、清修筑"苗疆边墙"，对边墙以外实行封锁政策。边墙内及沿线苗族汉化的趋势加快，阿拉地区苗族银饰萧条。边墙外的山江、腊尔山和禾库地区苗民不入户籍，属化外之民，服饰保持原有本色。苗族银饰造型原始而古朴，保存了大量的苗族历史、文化信息，是研究苗族文化的重要载体之一。

山江镇政府所在地黄茅坪村2004年9月24日被州人民政府授予"湘西土家族苗族自治州历史文化名村"称号，现有人口1370人，420户，共4组。黄茅坪村曾有20多户人家掌握苗族银饰制作工艺，但如今有的人家由于工艺不纯熟，缺乏市场竞争力，就不再操此行业。目前黄茅坪村有龙米谷、麻文芳、麻思佩、麻忠其、麻茂廷、龙喜平、吴喜树、吴云表、吴求表、龙召清等10户人家一直在从事银饰加工。

花垣苗族银饰主要分布在花垣县的雅酉、吉卫、补抽、龙潭、道二、排碧、排料、民乐、两河、排吾、长乐、董马库等苗族聚居区乡镇。花垣县排碧乡板栗村的银饰较为突出。花垣地域，秦属黔中郡。西汉时黔中郡部分地区置武陵郡，花垣北半部属迁陵县，南半部属辰阳县，两县同属于武陵郡。东汉时，属五溪地。三国时期，先为蜀国所有，后为吴国所属，均属辰阳县。西晋为镡成县地，东晋为舞阳县地。宋齐时属郢州辰阳地，梁为卢州地，陈为沅陵郡。隋朝，北半部属大乡县，南半部属沅陵县，均属沅陵郡。唐属溪州地。五代晋天福五年（940），属辰州地。宋熙宁年间（1066—1070），属辰州泸溪郡。元至元二十年（1283）后，南半部属辰州泸溪县，北半部属永保土司。明洪武元年（1368）设崇山卫，后改为崇山千户所。30年后，革崇山千户所，置镇溪军民千户所，分镇溪崇山124寨为十里，自高岩河分界，下四里为今吉首地，上六里为今花垣县域，旧称"六里苗地"。清雍正八年（1730），设六里同知，管理全境事务，隶属辰州府。雍正十年（1732），改六里为永绥厅，治所在今吉卫吉多坪。嘉庆二年（1797）升永绥厅为永绥厅

▲图1-10　花垣县董马库苗寨

▲图1-11　花垣县排碧乡板栗村

直隶厅。嘉庆七年（1802）厅治迁花园寨（今花垣镇东南侧）。1913年改为永绥县。1914—1922年属辰沅道。1937年属第四行政督察区。1940年属第九行政督察区。1949年属沅陵专区。1952年属湘西苗族自治区。1953年改名花垣县。1955年属湘西苗族自治州。1957年迄今属湘西土家族苗族自治州。花垣县苗族占75%，余为汉、土家等族。辖花垣、茶洞、团结、龙潭、民乐、吉卫、麻栗场7镇，13乡。

花垣县位于湘西州西北部，东与保靖县夯沙为界，东南与吉首市阳孟、德夯比邻，南与凤凰两林相连，西邻贵州松桃、重庆秀山，北近保靖毛沟、清水、复兴、水田等地。南北长49.5公里，东西宽38.5公里，总面积1108.69平方公里。其中耕地面积17.40千公顷（1995年末实有），含水田10.12千公顷，旱地7.28千公顷。位于东经109°15′～109°38′，北纬28°10′～28°38′。

花垣县处湘西山地西部，云贵高原东缘。地形以山地、丘陵为主。地势由东南向西北倾斜，略呈三级附梯。南部属武陵山中段，山峰海拔多在1000米以上，最高峰莲花山海拔1195米。北部花垣河南岸较低平，最低处狮子桥河边海拔212米。花垣河自西南向东北流经北部边界。兄弟河源出南部山地，向北流入花垣河。属中亚热带季风湿润气候区。农业方面，水稻、玉米、甘薯、花生、豆类等种植普遍。森林覆盖率为34%，主要树种有松、杉、枫、油桐、油茶等。矿藏有锰、铅、锌、钼、滑石、石煤等。摩天岭一带锰的储量居省内前列。

▲图1-12 吉首市矮寨镇鸟瞰

　　吉首市的苗族银饰主要分布在矮寨、寨阳、丹青、排吼、排绸、己略等乡镇。

　　吉首市秦时属黔中郡，汉代属武陵郡沅陵县地。三国时，武陵郡属荆州，先后分属蜀汉和东吴。晋时,武陵郡隶属荆州。南朝(宋齐)时,隶属郢州武陵郡。梁置夜郎县，属夜郎郡。陈袭梁制。隋废夜郎郡，置静人县。不久废县，先后属辰州和沅陵郡。唐为卢溪县地。五代，同。宋朝时，市境属泸溪县，熙宁三年（1070），置镇溪砦（今吉首市城区），为军事防地。元朝时，属辰州路泸溪县地。明洪武三十年（1397）二月。朱元璋准将泸溪上五都分为十六里，置镇溪军民千户所，隶属辰州卫。清康熙四十三年（1704），撤镇溪军民千户所，设乾州厅，治所在今乾州，属辰州府。嘉庆二年（1797）升为真隶厅。1913 年废厅置乾县，翌年改为乾城县，属辰沅道。1937 年属第四行政督察区，为专署驻地。1940年属第九行政督察区。1949 年属沅陵专区。1950 年县人民政府驻地迁所里。1952 年属湘西苗族自治区。1953 年所里更名吉首，县因更名。1955 年属湘西苗族自治州。1957 年迄今属湘西土家族苗族自治州。1982 年改为吉首市。

　　吉首市位于湘西州南部，东经 109°30′～110°04′，北纬 28°08′～28°29′，东界泸溪，西邻花垣、南连凤凰、北接古丈和保靖，东西宽 55.9 公里，南北长37.3 公里，总面积 1058.5 平方公里。其中耕地面积至 1995 年底为 9.35 千公顷，含水田 6.33 千公顷，旱地 3.02 千公顷。苗族约占 39%，土家族约占 30%，其余多汉族，并有白、回、侗、瑶等族。辖 4 个街道办事处和矮寨、马颈坳、河溪 3 镇，11 乡。

吉首地处湘西山地中部,地形以低山丘陵为主,山峰林立,溪河纵横。一般海拔300~600米。西部和东北部地势较高,矮寨镇和寨阳乡交界的莲台山海拔964.6米,为全市最高山。中部和东南部较平缓。较长的河流有981条,总长620公里。峒河(即武水中段)、万溶江、沱江、丹青河分别由西、南、北向中汇流东入武水,形成半辐射状水系。峒河过境60公里。经济以农、林为主。水稻、玉米、甘薯、油菜种植普遍。西北山地多松、杉等用材林,南部丘陵多柑橘,油茶等经济林。

吉首市矮寨镇,位于市西北部,东接己略乡,西邻花垣县补抽乡和凤凰县米良乡,西北接花垣县排碧镇,南连寨阳,北临花垣县排碧镇、排料乡,东北与保靖夯沙镇交界,镇人民政府驻地矮寨村距吉首城区19公里。1987年元月,德夯风景区对外开放,苗族传统文化在这里得到集中展示。矮寨墟场,农历每月二、七日为场,来自寨阳、吉首、万溶江等乡、市、城区以及凤凰、花垣、保靖边境的苗族群众,云集市场,热闹非凡。镇域内苗族群众喜爱歌舞,常常利用场期赛歌,且具有尚武精神。每年正月开场日,常在矮寨墟场耍狮子,举办百狮会,进行舞狮大赛,表演武术。立秋前后,例行"赶秋",进行鼓舞、荡秋千、和赛歌等民族活动。苗族女性着苗族盛装,佩戴精美苗族银饰,载歌载舞。

泸溪县的苗族银饰主要分布在泸溪的良家潭、八什坪、小章等乡。泸溪汉为沅陵县地,南朝梁天监十年(511)置卢州,以卢水为名。陈废卢州,仍为沅陵县地。隋末置卢溪县,属沅陵郡,治所在今洗溪镇。唐属辰州或卢溪郡。元属辰州路。明属辰州府,万历元年(1573)治所迁今武溪镇。清顺治年间改为泸溪县。1914—1922年属辰沅道。1937年属第三行政督察区。1940年属第九行政督察区。1949年属沅陵专区。1952年属湘西苗族自治区。1955年属湘西苗族自治州。

▲图1-13 泸溪县良家潭乡芭蕉村

1957年迄今属湘西土家族苗族自治州。泸溪县在湖南省西北部沅江支流武水下游，面积约1566平方公里；人口54959户，计240919人，苗族约占32%，土家族约占15%，其余多汉族；辖武溪、浦市、潭溪、兴隆场、合水、洗溪、达岚坪7镇，11乡；县人民政府驻武溪镇。泸溪地处湘西山地中部，地形以低山丘陵为主，一般海拔300～500米。武陵山支脉呈东北–西南走向绵亘县境。西南边境八面山海拔884米，为境内最高山。东南部濒沅江一带有狭窄冲积平原，最低处海拔97米。武水自西向东穿流县境，汇入沅江。农作物有水稻、玉米、甘薯、油菜、苎麻等。森林覆盖率35%，有松、杉、油桐、油茶、板栗、柑橘等。"葡萄桐"是国内著名油桐良种之一，"浦市甜橙"省内有名。矿藏有磷、铅、锌、硫磺。

　　保靖县的苗族银饰主要分布在葫芦、水田等乡镇。保靖汉置迁陵县，属武陵郡，治所在今龙溪乡乳香岩村南。南朝齐改零陵县，治所移往现今迁陵镇。梁复名迁陵县。隋并入大乡县。唐贞观九年（635）置三亭县，治所在今迁陵镇，初属辰州，后属溪州或灵溪郡。天授二年（691）又置洛浦县，治所在今大妥乡甘溪村，初属溪州，后属锦州或卢阳郡。五代末置保静州。元改名保靖州。明初置保靖州安抚司，旋升为宣尉司。清雍正七年（1729）改为保靖县，属永顺府。1914—1922年属辰沅道。1937年属第四行政督察区。1940属第八行政督察区。1949年属永顺专区。1952年属湘西苗族自治区。1955年属湘西苗族自治州。1957年迄今属湘西土家族苗族自治州。保靖县位于湘西州中部，在东经109°12′～109°50′，北纬28°24′～28°55′。该县东依永顺、古丈，南连吉首、花垣，西接重庆秀山，北邻龙山。东西宽62.7公里，南北长57.4公里，总面积1757.68平方公里。其中耕地面积16.38千公顷（1995年末实有），含水田8.86千公顷，旱地7.52千公顷。辖迁陵、毛沟、复兴、水田河、葫芦5镇，20乡（分为五区）。人口土家族

▲图1-14　保靖县苗寨风光

▲图1-15 苗寨石板巷

▲图1-16 苗寨老木屋

占 52%，余多为汉、苗族。县人民政府驻地迁陵镇境域内群山起伏，岭谷相间，山、丘、岗、坪交错，地势西北和东南高、中间低，似马鞍形。地形以山地为主。县境西北部白云山分南两支呈东北－西南走向绵亘，杀鸡坡、大盖顶、白云寺、天台山、香火山等峰均在海拔 1000 米以上，最高峰白云寺海拔 1320.5 米。中部地势略低，有花垣河、酉水流贯，两岸多丘陵和河谷平原。南部为中山台地。一般海拔 800 ~ 1000 米，多峡谷。该县属中亚热带季风湿润气候区。农业方面，水稻、玉米、甘薯、豆类种植普遍。油桐、油茶、茶树等经济林分布较广，油桐产量在省内居前列。矿产有煤、铁、磷、铅、锌等。

　　葫芦寨是保靖县葫芦镇人民政府驻地。在县城东南 22 公里葫芦河畔，邻近古丈县。镇区石山形似葫芦，故名。清设塘汛而兴集，称葫芦寨场。1984 年置镇。街道沿河分布，长 300 米。人口有 570 人，多为苗族。保靖、古丈两县边境农副产品在此集散，粮食、柴炭、牲畜、农具等大量上市。县第二中学设此。迁陵镇至龙鼻嘴公路经此。附近山区产桐油、茶油、松脂、香菇等，并蕴藏磷、硫磺矿。

　　湘西苗族银饰流布境域内山川峻险，长期以来，交通滞后。自明至清，最重要的通道是运兵运粮的官道和沅水、酉水，其余均为民间乡村小道，不通车。民国初期，政局动乱，湘西偏居一隅，商旅裹足。至 20 世纪 20 年代，治河修路创举渐多，30 年代中期，简易湘川公路通过境内 3 县，但因路况较差，过路车辆寥寥，仍处于"陆有峻坂，水有险滩"的闭塞状态。

　　俗语云："对面讲话听得见，走路却要大半天"；"看到屋，走得哭"。旧时苗区的陆路物资运输以人力挑运为主，称为挑夫或挑脚，所用工具仅扁担、箩筐、扛子、索子。当时苗区有三条运输通道：一是凤凰至麻阳的石羊哨，二是凤凰至所里，三是凤凰至浦市。挑运费没有统一规定，由货主与挑夫根据道路远近、难易及货物的贵贱自行商定，各路驿道山高路险，虎狼和土匪出没无常，挑夫不但

▲图1-17　苗寨转脚楼

▲图1-18　吉首市矮寨镇公路

行走艰难，生命也无保障。

中华人民共和国成立后，境内交通事业迅速发展。1959年初，实现县县通公路，并组建养河队、航道工程队，有计划地整治航道。20世纪60年代，"水陆并举，干支并举"，改善航道条件，构筑导航建筑。至80年代初，枝柳铁路营运后，形成以铁路为骨干、公路为主体的铁路、公路、水路相配合和多家经营公路、水路运输的格局。整治主要航道29条计1850公里，修建港口13处。修建国道2条计429.7公里，省道4条计307.8公里，县道98条，乡道98条。至90年代，吉首市成为湘鄂川黔边区的交通枢纽、物资集散地和经济贸易中心。其中，吉首矮寨公路、凤凰乌巢河大桥、横跨酉水的罗依溪公路大桥等不仅是重要的交通设施，而且还成为湘西的公路奇观和著名旅游风景景点。此外，通讯邮电、广播电视、供水供电等基础设施也得到了长足的发展，90%的乡村已实现通电、通路的目标。但仍有部分苗族人民深居在交通不便的高山坡上，仍依靠肩挑手提背篓背的传统方式来运输物资上山下山进行贸易。近些年来，湘西苗族聚居区交通发生了巨大变化。比如腊尔山地区位于湘西境域的第三级台阶，平均海拔在800米以上，包括腊尔山、米良、柳薄、禾库等乡镇。这些地方，地表组成物质石灰岩占95%，地表起伏和缓，坡度在5°～20°之间，故称为腊尔山台地，总面积为200多平方公里，共辖5个乡，

9078 户，共 45240 人，是典型的苗族聚居区。旧时代只有一条山道与外界相通，长期处于封闭的状态。现在腊尔山地区各乡之间均通汽车，60% 的村寨已实现通车通路。从凤凰通往腊尔山地区的公路全部铺成了柏油公路。

随着交通运输业及经济活动的发展，作为商品交换形式的集市贸易在一定程度上逐渐发展起来。在湘西，集市贸易的形成与交通的兴起有很大关系，最早的集市一般都建立在交通要道之处或具有水运之便的沿河码头。比如：大兴寨场。大兴寨位于吉首市西 25 公里的峒河上游，为吉首、凤凰、花垣三县市接壤地带，属矮寨辖区。明洪武年间（1368—1398），朝廷撤夜郎郡，设崇山区，在境内设高岩巡检司，并建墟场。清康熙四十九年（1710），设桃枝汛、榜壤扎（苗语，意为客家村，即大兴寨），驻把总一员，墟场迁营盘附近，苗民携农副产品和家中不常用物品上市出售，墟场后迁入大兴寨中，清末复原址。至今大兴寨仍是苗族地区的主要墟场之一，场期为农历每月五、十。湘西人把集市贸易称为赶场，一般五天为一场期，以农历时间为准，各地错开，如乾州赶场日为农历逢四和逢九的日子，则附近的赶场为：禾库赶一、六，腊尔山、矮寨赶二、七，吉卫、山江赶三、八。做生意的可以各地赶场称为赶"转转场"。苗族锉花、刺绣、花带、银饰等民间工艺品，在苗区农贸集市上多有出售。苗区墟场的繁荣又推动了苗族银饰、刺绣等民间工艺的发展。

湘西苗族银饰流布地区除了以上所阐述的自然环境（所在地区的岩石、地貌、土壤、水、气候、生物等自然要素构成的自然综合体）、经济环境（自然条件和自然资源经人类开发利用后形成的地域生产综合体的经济结构，包括工业、农业、交通和城乡居民点等各种生产力实体的地域配置条件和结构状态）之外，我们更要关注苗族银饰流布地区的社会文化环境。社会文化环境包括人口、社会、国家.民族、语言、文化和民俗等方面的地域分布特征和组织结构关系，而且涉及社会各种人群对周围事物的心理感应和相应的社会行为。因为一种文化现象的发生、发展、传承与流变，与其所处的自然地理环境、社会历史条件、诸种文化间的互相交流影响及本民族或地域民众独特的心理素质等紧密相关。

明清以来，统治阶级一直将湘黔之地当作化外之境。清顾祖禹撰《读史方舆纪要》，设"九边总说"，其中就有"麻阳边"。《清史稿·兵志》同样设"黔楚苗疆"。在湘西苗区修筑边墙，是明清政府为控制苗族而设置的。

在明清二代，一部分苗族被强制接受汉化，加入民籍，有户口登记在册，处于土司统治或政府委派的流官管辖之中，被称为"熟苗"。"熟苗"主要分布在今吉首至凤凰县黄合乡沿公路的河谷平原地带，主要有马颈坳、振武营、乾州、竿子坪、吉信、沱江镇、廖家桥、阿拉营等地。"生苗"即未受"教化"、另一部分没有编入户籍的苗民，田地不在赋税之内，人丁不在徭役之中，称为"生苗"。明清史书中的"苗疆"主要指"生苗"聚居的地方。明清的"生苗"，主要分布在湘西、黔东北的腊尔山山脉一带和黔东南的清水江、都柳江流域。湘西"生苗"区则以腊尔山台地为中心。扩大"熟苗"区，控制"生苗"区，是明清政府的共同统治手段。明朝政府曾频频对湘西苗区用兵，仅洪武十四年（1381）至万历四十三年（1615）即有大规模的剿苗行动 30 次，但每次镇压均遭到苗民的顽强反抗。苗族的不断起义，使得明朝统治者坐立不安，为了剿灭镇压，便想出筑墙屯兵、分割统治的对策。苗疆边墙的修筑正是以腊尔山为中心，环其周边设立军事据点，布营设哨，长年驻军，修筑哨卡雕楼，边墙绵延 180 多公里。苗疆边墙修筑在阶级矛盾尖锐和民族关系紧张的时期，它作为军事防线，全面封闭，有利于社会的相对稳定。一方面朝廷官兵不敢轻易越过边墙残杀苗民，随意强占苗地；另一方面苗民收复失地的反抗势头受到遏制，避免自己流血牺牲，保护内地民众安全。这基本稳定了"生苗区"与"熟苗区"（含客民）的分布格局。在正常情况下，封闭延缓了经济发展的速度，但在特定的环境下，封闭保持社会相对稳定，保护经济不遭受破坏；在阶级矛盾缓解和民族关系缓和的时候，苗疆边墙作为治安防线，节制开关，有利于经济快速发展。在苗疆边墙竣工后的漫长岁月中，虽然也有多次苗民起义，或者是叫"镇苗"、"驱汉"战事，但是稳定的时间还是比较长的。由于阶级矛盾渐缓解和民族关系不断缓和，统治者采取了一些安抚措施和开放政策。嘉庆元年（1796）之后，四川总督和琳、湖广总督毕沅、湖南巡抚姜晟等人拟定的善后章程提出："以民地归民（因起义苗民越过边墙居住，夺回客民强占民地，现在要给客民），苗地归苗，将旧设塘汛撤到洞边，其降苗授官弁以羁縻之"（将战时占的苗地退给苗民）。嘉庆五年（1800）七月，湖广总督姜晟、湖南巡抚祖之望、提督王炳又联合上奏朝廷，申明要在实施六条善后章程的基础上，彻底澄清汉苗界线，做到"其从前民占苗地皆一律退还，客民全行撤出"（见《凤凰厅志》卷八一），这样，苗民不但可以在边墙附近耕种自己的田地，还可以深入山区开发新田新土，使腊尔山台地等苗疆腹地得到充分利用，苗区经济相应发展起来。同时，边墙两边的安宁，为朝廷开放边墙、允许苗汉通婚、共同建设贸易市场创造了成熟的条件。《湖南苗防屯政考》卷二中说："准许民苗丁结亲，令其日相亲睦，以成内地风俗。"尽管这种主张实质上是推行民族同化政策，但客观上促进了汉苗各族经济文化交流。嘉庆十年（1805），湖南巡抚阿林保主张在边卡设立市场让苗汉人民按期严格交易："着寨长于开市之日押苗人以同来，复押之以同往，出边卡，则经办理'护照'，否则作偷越'边境'论处。""民人无故擅入苗地及苗人无故擅入民地，均照越渡沿关边寨，一律治罪，失察各官议处。民人有往苗贸易者，令开明所置货物，并运往某司某寨贸易。行户姓名。自限何日回籍，取具行户邻右保结，官照会塘汛验收。逾期不出，报文武官弁，征查究拟"（见清《房部则例》卷四）。后来，日渐松弛，交往频繁，相得益彰，影响深远，得胜营和阿拉营成了凤凰边墙线上最大的市场，促进了经济发展、文化交流。清代苗族秀才和举人皆出自苗疆边墙边的苗族村寨，苗汉文化交流的合力作用，孕育出了熊希龄、沈从文等一代历史文化名人。三百多年来，苗疆边墙成了湘西民族关系的晴雨表，是湘西社会发展的见证，更是湘西民族史上的一座丰碑，它记录了边墙两旁苗族人民世代不屈的抗争和浴血奋战的历史，也见证了湘西苗族银饰得以生存和发展的历史背景。湘西苗族银饰正是盛开在湘西这块神秘土地上的一朵艺术奇葩。

　　苗族在几千年的历史进程中，先后经历了五次大的迁徙。苗族的全部历史，就是不断被压迫被驱赶，不断改变生活环境，不断适应新的环境的历史。苗族虽饱受苦难，但根性上充满着浪漫气质。昔日楚地具有浓厚的浪漫主义情调和神话色彩，信鬼好祀，重神厚巫，巫风弥漫，崇尚自由，富有激情，善于想象，善歌好舞，特定的生活环境及与自然和谐共生的生态观养成了苗族乐天知命、安然豁达、自由达观的人生态度。这种积极乐观的人生态度和生存观念充分体现在他们众多的节日中，湘西苗族的节庆较多，活动规模大，富有代表性的有：

▲图1-19　爬刀梯的苗族姑娘

赶年场（春节调年）。苗族每逢过年（春节），必须在除夕前五六天，将室内室外的烟尘、浊泥清除干净，称之为扫年尘。解放前，有的地方须于腊月二十八日前，将磨、碓、筛子、簸箕贴上封条，至年后初五方行解禁。此外，还有多数地方在腊月二十八过除夕（俗称过苗年），也有个别地方在正月初一才吃团年饭。传说是官兵每每利用除夕偷袭苗家，因此，才将吃团年饭提前或推后一天时间，以避不测之灾，这才产生了过"苗年"的习俗。湘西苗族人民最热心的是赶年场，又叫"调大年"。有墟场的地方，则在场期举行调年。无墟场的地方，则各自约定时日、张榜或分送请帖，邀约附近村寨参与调年。"调大年"这天，有青狮跳桌、龙耍，热闹异常。赶场时，男女老少一定要身着节日盛装在年场上走亲访友或者进行物资交流，或观看打秋千、舞狮子、观龙灯、上刀梯等活动。青年男女也多会利用这种机会，物色情侣，谈情说爱，演唱民歌。苗民善歌舞，每年正月在排绸乡河坪村例行"调年"活动，与泸溪、古丈两县各寨同胞共庆新岁。在整个"调大年"时日，讲究百事和顺，话语吉祥，以期新年得个吉兆彩头，皆大欢喜。

▲图1-20　赶年场

"三月三"。这是湘西苗族传统歌会节。这一天，苗族人民自发集中到约定的歌场上，参加对歌、听歌、跳舞、观舞，尽情作乐。比如：每年农历三月初三在泸溪梁家潭乡芭蕉坪村对面山坡上举行歌会。届时，县境和吉首、古丈毗邻村寨群众，聚会于此，进行唱歌、会友、贸易等活动，风雨无阻，尽欢而散。

▲图1-21　"三月三"苗族情人节

赶清明。这是湘西苗族特有的大型歌节，又称"清明歌会"。清明歌会均有传统的中心会场，吉首市东部的苗族人民赶清明，其中心会场每年都在丹青的清明场上。丹青乡民最喜欢山歌，每逢清明节，附近乡、镇苗胞聚会清明寨参加赛歌活动，通宵达旦，称"清明歌会"，成为乡俗。

▲图1-22　丹青清明歌会

"四月八"踏花节。农历"四月八"踏花跳月，是苗族盛大的传统节日。每到这天，苗族男女青年都来到跳花坪中踏花跳月，尽情歌舞，互倾爱慕，尽享花季年华。传说很久以前，官兵来到跳花坪，看到苗家姑娘长得如花似玉，就心生歹意，便来抢亲。苗族青年亚宜便率众反抗，血战三天三夜，终因寡不敌众，滴血花坪。后来，为了纪念苗族英雄们，"四月八"这天除了踏花跳月外，还举行了祭奠活动，以彰祀英灵。由此，"四月八"的内容，不断得到充实和丰富，演绎成了祭祀祖先、缅怀英烈、狂欢歌舞的祭祀盛会。清代乾嘉苗民起义失败后，朝廷为防苗族"借此口实"以图谋反，强令废止"四月八"踏花节活动。此后，"四月八"踏花跳月，

▲图1-23　山江"四月八"跳花节　茶香君/摄

虽未完全终止，但规模已是零散小型。1982年，经中央民族学院全体苗族师生共同要求，于是年5月4日，由国家民族事务委员会行文批准，恢复苗族"四月八"踏花跳月传统节日，并准予放假一天以度狂欢。此后几年，湘西苗族分别在凤凰、花垣、吉首、麻阳等县市，循例举行了大型的"四月八"踏花跳月活动，每次参与者均逾三五万众。在节日里，各族群众身着民族盛装，展演各自的文化节目，其中以武功表演、狮子跳桌、上刀梯、踩红犁、八人秋、赛山歌、花鼓舞、接龙舞等最为精彩夺目。入夜，围绕堆堆篝火，跳起芦笙和花鼓团圆舞，通宵达旦，极尽欢乐。

"五月五"端阳节。端阳节又叫端午节。端阳节在中国南方是一个很隆重的节日，苗族也不例外。尽管过端阳节正是春插的大忙季节，但人们也要休息一天，清扫环境卫生，洒上雄黄酒，在门楣挂上菖蒲，以驱瘟御毒，求祥避邪。包粽子或做桐叶粑是必备食谱，并象征性地将粽子或桐叶粑投入溪河，以祭屈原。屈原曾流放到沅水一带的溆浦、泸溪等西楚苗地，并吟哦出"沅有茝兮醴有兰"这样清丽的诗句。他关注苗民生活的疾苦，深受苗民的尊重和爱戴。后屈原回归汨罗，于农历五月初五投江而殁。苗民深为悲痛，故每年端阳这天，投食于水以感怀这位爱国志士。相沿成习，便产生了古风扑面的"端阳"节气。

▲图1-24　沱江端午节龙舟赛

"吃新"感恩节。苗族有句俗话说："难瓜阿来尖，难农阿来闲"，汉译即是"难过一个年，难尝一次鲜"。每到"吃新"节来临，尤以年逾花甲的老者，更是大发感慨，感谢皇天后土，又让自己吃上新年产出的食物。从而，苗族把"过年"和"吃新"相提并论，每到吃新节，都要特意庆贺一番。"吃新"感恩节，定于农历六月的第二个卯日，凡是在外营生、走亲的，这天都要赶路回来，合家团聚。"吃新"节，除备足酒肉，须用新产的辣子、茄子、黄瓜、豆荚等各做一道鲜菜外，还要特地到田里采下与全家人数相等的嫩稻苞，放在饭锅里蒸熟，家人各吃一根，以示领受天地神明的顾念，让世间黎民又吃上新年的稻穗瓜菜。这预示着新的一年五谷丰登，岂能不感恩戴德以庆。

　　"六月六"赛歌节。农历"六月六"，是苗族赛歌节。但凡缺失文字倾诉的民族，则更注重于语言感情的展露。在苗区，只要山歌动情，像丑哥武大郎讨来娇妹潘金莲这样的事，是见多不怪的，这足见苗歌是何等的精妙感人。"三月三"上花山，"六月六"满目绿，在这生机勃发的时日，是湘西苗族的两大歌节。只不过"三月三"歌节，正值春耕大忙之时，其规模和形式就较为分散而小型，没有"六月六"歌节影响巨大。每到"歌节"这天，苗族男女老幼皆着节日盛装，吹着唢呐，打着花鼓，跳着芦笙舞，汇聚歌场，进行歌舞大赛。相传：苗族祖先是为六男六女，他们躬耕垄亩，男耕女织，创造自己的美满生活。由此，每到"六月六"这个"满目绿"的吉祥日子，苗族便尽情歌舞，以缅怀和颂扬自己的稼穑祖先。每年的农历六月初六这一天，凤凰县落潮井一带的苗族人民都要在勾良山上举行盛大歌会。邻近的花垣、吉首等县、市和贵州的松桃、铜仁等地的苗族人民也前往参加。

▲图1-25　"六月六"赛歌节

▲图1-26 苗鼓声声 茶香君/摄

　　"七月七"。这是苗族的传统鼓会，以吉首、矮寨坡、古丈穿洞一带最为流行。每年的农历七月七日，苗族人民便穿着一新，欢聚鼓场，击节敲鼓，纵情欢乐。

　　赶秋。这是湘西苗族的大型喜庆节日之一。赶秋的由来有个美丽的传说。苗族男青年巴贵达惹与美丽的姑娘七娘在赶秋场上通过对唱苗歌而建立感情，结成夫妻，生活十分美满。从那以后，人们沿袭此例，一年一度地举行这种活动，择配佳偶，形成"赶秋"盛会。传统的秋场有吉首的矮寨场、花垣县的麻栗场、凤凰县的勾良山、泸溪县的潭溪和梁家潭等地。这些民间节日，不仅是苗族人民传统的娱乐社交活动，而且也成为年轻人选择配偶的大好时机。年轻女性在这种场合尽情展现自己的精美服饰，显示出自己的精妙制作技艺，在人们欣赏的眼光中得到一种自我价值实现的满足感。己略乡境内的苗族人民能歌善舞，每年立秋，按乡俗例行"赶秋会"。

▲图1-27 苗族赶秋——八人秋

跳香。泸溪县东南
沅水两岸和县北一带村
寨，每年从农历九月二十
日起至十月二十日止，每
一村寨都要举行"跳香"
活动，敬"五谷神"，庆
祝丰收，俗称"过苗年"，
也叫"明香大会"。家家
户户都要做糍粑和豆腐，
称为"香糍粑"、"香豆腐"。
吉首排吼乡苗民热情奔
放，能歌善舞，每年秋例
行"赶重阳"（跳香）活动，
泸溪和古丈两县交界处
村民赴寨同庆。

　　湘西苗族银饰就是
在这样的节日文化背景
中得以孕育、发展的。

▲图1-28　古老的跳香仪式

▲图1-29　跳香舞

第二章　湘西苗族银饰历史沿革与演化

第一节　湘西苗族银饰的历史渊源

苗族银饰，是苗族人民在长期的生活实践中发展成的一种民间手工技艺。苗族银饰是苗族民族性的重要表征，是苗族的一种普遍性文化现象。这种文化现象的产生和发展，与苗族本民族发展的历史性和现实性不可分割。马克思曾说："人们自己创造自己的历史，但他们并不是随心所欲地创造，并不是在他们选定的条件下创造，而是在直接碰到的、既定的、从过去继承下来的条件下创造。"因此，苗族银饰是苗族先民在长期社会实践中不断创造和积淀的文化结果。同时，澳大利亚人类学家格迪斯在研究人类发展历史时给了一个著名的论断："世界上有两个苦难深重而又顽强不屈的民族，他们是中国的苗人和分布于世界各地的犹太人。"苗族是在不断迁徙的苦难中成长起来的伟大民族。苗族银饰正是坚韧顽强的苗族人民奋斗的生动写照，是"老鸦无树桩，苗族无故乡"这句苗谚的诗性反映。

苗族自古以来都是一个爱美的民族，喜欢打扮与装饰。在原始时代，只能以野花、树叶、贝壳等简陋材料来装饰自己。据民间传说，当苗族先祖蚩尤发明冶炼和制作劳动工具和兵器时，苗族银饰才应运而生。

随着部落战争不断发展和升级，蚩尤部落败北而被驱逐。为了生存，苗族的先民进行了艰苦而漫长的迁徙。经过艰难的迁徙，苗族部落的一个支系最后定居于湘西的崇山峻岭之中，找到一个较为稳定的生活、生产场所。为了不忘先祖和故地，他们就在自己的衣饰上绣制苗族的历史印记，创造了一系列的特殊图案，以便寻根祭祖，寻找自己本民族的同胞兄弟团结起来对抗外族部落的进攻。到了后来，随着冶炼技术的发展，金属的普遍使用与推广，银饰才在众多女性艺术的基础上逐步形成和完善。

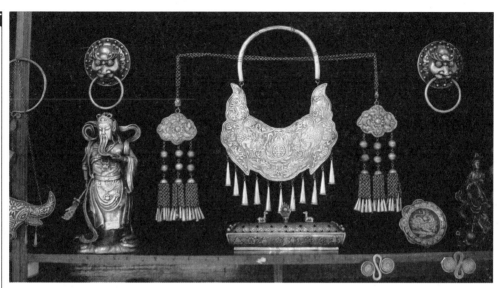

▲图2-1　苗族银饰

　　苗族银饰源远流长，其发展可以追溯到五千年前。据苗族史研究表明，苗族先民起初生活在相对丰饶的黄河流域和长江中下游平原一带。苗族先民们是在经过数千年四次大规模的迁徙后，来到了"两湖"、黔东南、黔中、黔西北和云、桂、渝、海南岛等那时较偏远的地区。据《史记·五帝本纪》载："黄帝乃征师诸侯，与蚩尤战于涿鹿之野。"蚩尤是人们公认的苗族祖先。同时，历代人们都认为蚩尤是金属兵器的创始人，世人称他为兵主，也即兵祖。《世本·作篇》记载："蚩尤以金作兵。"这里的金实指金属，即青铜器。可见，在很早的时候，苗族先祖已掌握了一定的冶炼技术。后来，经过几番"征战"，蚩尤战败，被迫迁移，之后苗族先民又被历代封建王朝歧视镇压，逐步迁徙到偏远山区，以图东山再起。连年的战争和艰苦的生活，促使苗族先民在冶炼技术上也不断进取，他们利用冶炼技术制作劳动工具和兵器。秦汉至唐宋时期，湘西苗族的兵器已开始用金银来装饰了，如范晔《南齐书》卷五十八载："蛮俗，布衣徒跣，或椎髻或剪发，兵器以金银为饰。"随着生产力水平的提高和冶炼技术的发展，苗族人民注意到了银的熔点和比重都低于黄金，易于铸造和携带；延展性好，易于制作各式各样的饰品，同时不易被腐蚀，且银光闪闪，动之则发出清脆的响声。由于银的这些优点，使苗族先民选用银作为装饰材料也就成为了可能。隋唐时期就有苗族妇女开始佩戴耳饰的记载："人横布二副，穿中贯其首，号曰通裙，美发髻，垂于后，竹筒三寸，斜穿其耳，贵者饰以珠珰。"随着银的优点日益凸显，银饰成为苗族的服饰风俗也走上议事日程。宋人朱辅的《溪蛮丛笑》记载："仡佬妻女年十五六，敲去左边一齿。以竹筒五寸长，三寸裹镶，穿之两耳，名筒环。"这是苗族开始使用天然产品作首饰的初始。宋元两代的记载比较零碎，不能比较详尽地说明这一习俗的演变过程。明代以后，对侗族、苗族戴首饰的史料记载就较为全面系统了。《炎微记闻》一书记载道："以银若铜锡为钱，编次绕身为饰。富羡者，以金环缀耳，累累若贯珠也。"后来，随着苗族人民生活的逐渐稳定，特别是到了明、清时代，苗族生活的地区生产力得到恢复和进步，生活有所改善，苗族人民把当时流通的银币节攒下来打制首饰；这时，民间银匠以一种独立的身份立足于社会，这样，银饰就逐渐在苗族人民中盛行。明代史籍中就有关于苗族佩戴银饰的记载，如郭子章《黔记》中称："黎平苗与贵州同，其妇女发髻散绾，额前插木梳，富者以金银，耳环亦以金银，多者至五六如连环。"据《百苗图汇考》记载："妇人编发为髻，近多圈以银丝扇样冠子，绾文以长簪，或双环耳坠，项圈数围，短衣，以五色锦镶边袖。"这段文字详细说明了苗族妇女用银铸造成银冠、耳环、项圈精心地装饰自己，显得风韵多姿，美艳动人。到了清代，银饰开始在苗族族群内普及，并风靡一时，如《苗俗纪闻》载：苗族"邪无老少，腕皆约环，环皆银，贫者以红铜为之；项着银圈，富者多至三四，耳珰迭迭及肩"。同样，《乾隆志》中《风俗篇》记载："苗人富者以绸巾约发，贯以银簪四五枚，上扁下圆，左耳贯银环如碗大，项围银圈，手带银钏，腰缠青布……其妇女银簪、项圈、手钏行素皆如男子，惟两耳皆贯银环两三圈，甚有四五圈者，以多夸富。"《续修凤凰厅志》记载："富者经网巾约发，贯以银簪四五枝，长如七，上扁下园，两耳贯银环如碗大，项围银圈，手带银钏，腰缠青布行滕。其妇女银簪、项圈、手钏，行滕皆如男子，惟两耳皆贯银环三四圈不等。"这些历史典籍详细记载到了清代晚期，苗族男女用银器作为装饰品是十分盛行的，并且达到了高潮。随着时间的推移，银饰作为苗族文化的现象并没有消失，一直延续到当今。

据古籍文典记载，苗族先民早年居住的地区是我国古代重要的产银地区。唐代诗人白居易在其《赠友诗五首》之二中就曾写下了"银生楚山西，金生鄱溪滨，南人弃农业，求之多辛苦"的诗句。当时就有著名的江西信州银矿和安徽宣州银矿，以及湖南桂阳监大银场。在《苗族古歌》的《运金运银》篇中，有大量关于苗族运银西进的记叙，如："宝公和雄公，且公和当公，他们几个人，一齐来商量，要把金和银，

▲图2-2　苗族少女盛装　太阳王/摄

统统运西方。""我们沿着河，我们顺着江，大船顺河划，大船顺江漂，快把金和银，统统运西方。""金银实在多，装满柜和箱，拿来造柱子，撑天不摇晃；拿来造日月，挂在蓝天上；天地明晃晃，庄稼才肯长。"这些歌词集中反映了苗族先民们运银西进的情景，也从侧面反映出苗族先民早先居住的地区或周边地区是产金银的地区之一。如果没有银作为原材料，银饰在苗族生活中扮演一个重要的角色也难以找到坚实的物质原料作为基础。因此，银的大量存在，是苗族银饰起源和繁荣不可或缺的先决条件。

　　李泽厚曾在《美学四讲》中指出："艺术总与一定时代社会的实用功利紧密纠缠在一起，总与各种物质的（如居住、使用）或精神的（如宗教的、伦理的、政治的）需求、内容相关联。"苗族银饰艺术的诞生不是一个偶然的文化现象，它与苗族文化心理是相投的，与苗族人民对银饰的心理需求是一致的。苗族银饰的缘起离不开苗族巫文化这个土壤，是苗族先民在巫术活动和巫术思想指导下形成的。众所周知，苗族是一个苦难深重的民族，在长期与艰险的自然条件和社会环境作斗争的过程中，形成了以巫术为核心的原始宗教信仰，相信万物有灵，崇拜各种当时不可解释的自然事物和现象，他们生活的各个领域，都渗透了巫文化的气息。苗族先民相信，一切锋利之物都能消灾避邪。闪闪发光的银饰，寄予了苗族人民驱灾避邪的巫文化心理。这种文化心理直接表现在他们的生活中。如苗族人民在行路途中在山里饮水，要先用手镯浸入山泉，象征消灾而后饮；苗族妇女的银围腰链也是驱邪的器物，必须由舅舅请人打制，出嫁时戴上，终生相随，哪怕是改嫁，这个银围腰也不能遗失。苗族地区的小孩降生以后，家里人就会为其准备好专用的银帽、银锁、银项圈等银饰，以此祈望小孩健康成长，幸福平安。苗家小孩戴的银帽上有十八罗汉、八仙、菩萨坐莲等形象，就是取求吉祈福的心理。就拿在苗族人民中很普遍的银项圈来说，银项圈也寄予了苗族人民避邪护体的精神皈依。苗族银饰中以牛角为银冠状或在银冠上打制蝴蝶，也是对祖先蚩尤、蝴蝶妈妈的图腾崇拜表现。另外，苗族银饰的兴起与银的实用功能有关。传说远古时候，居住在深山荒野的苗族先民，为防毒虫猛兽，出门必携带铁器，所以有"出门三分铁，虎狼不挨边"之说。但铁器容易生锈，又比较笨重，之后就演变成佩戴银饰了。在长期的生活实践中，苗族人民发现银有解毒的功能，当人的身体欠佳时，其所佩戴的银饰颜色均有不同程度的变化。由此，他们相信佩戴银饰能吸附病气，确保自我身体健康。苗族人民对银的这些认知也是促使银饰兴起的缘由之一。

在民间习俗中，长期以来金银就是财富的代表和象征。从《苗族古歌》所描述的苗族人民对金银的重视和偏爱程度可以看出，苗族人民把银作为财富的象征，如"金银实在多，装满柜和箱，拿来造柱子，撑天不摇晃；拿来造日月，挂在蓝天上；天地明晃晃，庄稼才肯长。"在苗族史诗里，金银还成为神秘和英勇的化身，也是生命力的象征，成为苗族人民的亲密伙伴。可见，金银在苗族生活中所扮演的重要角色。我们知道，苗族人民一直颠沛流离，生活条件十分艰苦，又长期遭受历代封建王朝的镇压与迫害。但是，这样的现实条件并没有消磨掉苗族人民的意志，反而激起了苗族人民不屈的斗志。他们不愿意被别人看不起，他们尽自己的能力来彰显民族的自豪感。银是贵金属，是财富的象征。一直以来，苗族人民佩戴银饰，以多为美，以重显富。清嘉庆年《龙山县志》道："苗俗……其妇女项挂银圈数个，两耳并贯耳环，以多夸富。"清同治年徐家干《苗疆见闻录》记载："喜饰银器……其项圈之重，或竟多至百两。炫富争妍，自成风气。"这种现象，既是一种夸富心理在起作用，又是民族自信心的一种体现。因此，苗族银饰的兴起，是苗族自信心的折射和反映，也是苗族在漫长发展过程中民族认同感和凝聚力形成的外在文化标志。

第二节　湘西苗族银饰的演化历程

　　随着时代的发展，银饰也相应地与时俱进。这种演变体现在形式和内容诸方面。材料上由过去的单纯白银到白铜、白铝等多种替代金属的出现；制作加工上适应现代审美演变，出现丰富多彩的新样式，或在传统工艺基础上出现创新，增加新的花色品种，不同地区间的银饰风格互相融合。审美总体上说是越做越精致，越做越好看。

　　余未人先生通过对古籍的筛查和对苗族老人的访谈，认为在明朝以前在苗族地区都没有银匠这一行当存在。明永乐十一年（1413）二月，贵州正式建省，以白银为货币的交易方式才进入苗族聚居区，才逐步取代传统的"以物易物"的交易方式。白银进入苗区，有的苗族直接把银币拿来作为衣饰，钉于胸襟上。更多的是将银币熔化，然后用来打制首饰。于是苗族佩戴银饰之风便逐渐铺开。余未人先生指出，明代史籍中开始出现关于苗族佩戴银饰的记录，郭子章《黔地》中称"富者以金银珥耳，多者至五六如连环"。黄金因其价格昂贵，一般平民百姓难以拥有，而白银就成了苗族饰品的唯一原料。余先生的观点是令人信服的。

　　苗族银饰以其种类繁多、造型精美形成了一种独特的极具审美的银饰文化。从佩戴部位上大体可分为头饰、颈饰、胸背饰、腰饰、手饰、脚饰等六大块。其中前三者是主体部分，后三者是辅助部分，在某种情况下，还可有可无。

▲图2-3　吉祥银饰

如前所述，银饰出现了不同的时代性特征，总体发展趋势是由简至繁，由少至多。从分布区域上看，湘西不同的苗族地区又有各自特色，体现出地区差异。花垣、保靖、古丈、泸溪一带的银饰简洁大方，以女性为例，颈饰多平面绞丝项圈，多索纽造型，古朴单纯，头饰上注重头帕的包法，一般较少银帽和银花。胸饰多牙钎、针筒、围裙链子和挂扣，背饰很少。而凤凰、吉首一带的银饰，以女性为例，则要相对繁杂一些，除颈饰之外，还多头饰，有银帽、银冠。一般裹高帕，帕上插兵器银花，插花鸟装饰银花，花上配红、绿绒线花蕊，工艺上设弹簧处理，背饰多银链和银牌。每逢节庆，只见苗家妇女，步移花摇，头顶银光闪闪，叮当不绝。

从文化交流角度看，苗族银饰图案的构成与演变既有外来汉族文化的因子，又有本民族文化的表现。比如大量的吉祥图纹中，有龙凤呈祥、二龙抢宝、双凤朝阳、麒麟送子、凤穿牡丹、明八仙、暗八仙等等，与汉族的同类题材并无二样。苗族本民族的一些图纹主要是花鸟动植物纹样的变形与夸张，或是以上各种不同类型的组合纹样。比如牛龙、猪龙、花果蝴蝶、人鱼等等。另外，苗族银饰中还有刀、枪、戟、锤等兵器的造型。从图案纹样的造型上，可以看出汉族文化对于苗族文化的深刻影响。

作为旅游产品，银饰的附加值显然提高，其价格也显然上升。对于民间老百姓而言，他们需要一种物美价廉的替代物，所以白铜、白铝的出现和选择就很正常，尤其是集体需求的大批量产品，比如节日庆典里的演员服饰，不可能花费很多资金去做纯银的。湘西自治州2007年举行建州50周年庆典演出时，苗家赶秋的节目有800个姑娘参与，她们的银帽和项圈都是白铝薄片做的，用剪刀就可以剪成形，不过也就用一次。白铜和白铝加工简单，有时候可以以假乱真，也受一般旅游工艺品小店的青睐。现在在湘西的很多旅游用品店里都可以买到这样的工艺品，那些在旅游景点里的服饰道具也属于这类产品。

一般说来，银饰作为女性的主要装饰品，在男人身上用得较少。除部分地区的男人戴项圈、戒指外，湘西苗族地区的男子很少佩戴银饰制品。过去富贵人家有怀表的，为了显示身份和地位，那怀表自然要配一根银链子。但这是绅士的作派，一般人不要那怀表的。普通人家里有钱的，晚辈为表示孝敬，就给老爷爷准备一根银烟嘴的长烟杆，银饰的东西在湘西男人身上大概只有这么点点。

苗族银饰的演变中，近年来还出现一种新品种，就是浮雕银画。采用银饰的加工手段，将银片压模成10～20公分大小的装饰画，镶嵌在比较高档的黑色画框里。这种银饰画，鲜见大作品，价格贵，一般人消费不起，携带也不方便。

第三节　湘西苗族银饰分类

湘西苗族银饰种类繁多，从佩戴部位上大体可分为头饰、颈饰、胸背饰、镯环等四大类。以上主要部位的饰品又按支系、片区分为不同的类型。

一、头饰

1. 银帽

又名接龙帽，俗称"雀儿窠"，苗语叫"纠"。银帽一般分三层：顶层是主体，由龙凤图案和数种花草构成，做工精美。第二层相当于帽沿，采用浮雕手法，以花鸟图案做装饰。第三层是流苏，由银链或喇叭形银饰组成。银帽一般用雪银1500克左右，因为耗银多，非富有人家不能制。有的是一寨、几寨才有一顶，举行接龙活动需用时，可借用。

2. 银花太平帽

银花太平帽为苗族姑娘春夏秋季末包头帕时戴于头上的装饰品，一般是集会喜庆之时使用。民国早期打制的银帽，呈圆形，直径60厘米，重470克。戴时短须在前，长须在后。其构造由三大件组成：前后为两块半圆形银皮合成圆形，中间用细丝螺旋构成圆顶形。三大部件可以拆开。帽顶焊有花、鸟、鱼、虾、龙、凤、蝴蝶等图样，并饰有湖绿和桃红丝线花束，如繁花绿叶铺满其冠，与银色辉映相衬，显得既美观又富有诗情画意。

3. 插头银花

插头银花，苗语称为"搜三"。婚嫁、节庆、过年时才插戴。一般重40克，造型有关公大刀、长矛、菊花、梅花、桃子、棋盘花、蝴蝶、寿字等，上用绿、桃红丝线花束做装饰。

▲图2-4　苗家姑娘

▲图2-5　银帽

▲图2-6　插头银花

4. 插头银椿花

插头银椿花，苗语称"木比咬"，是苗族妇女插在头帕上的银饰，花垣县雅酉等地苗族妇女喜插戴，相邻的贵州松桃苗区也盛行。椿花下端为插杆，中间为蝴蝶、白鹤、虾子、梅花、螃蟹等物件，缀有红绿丝线花束。逢年过节赶集做客，则将银花插在头巾上。现在的插法是在头巾里藏一块泡沫塑料，将银花插在上面，既轻巧又稳固。

5. 银凤冠

银凤冠，是苗族 17 岁以下未出嫁苗族姑娘戴在前额的装饰品。一般重 180 余克，长 37 厘米。凤冠戴在头上呈半弧形。构造为银皮一块，宽约 4 厘米，长约 37 厘米，上镂有多枝方孔古钱、莲花纹、梅花点、梅花朵等，以及两头对称的蝴蝶和一半圆圈。银皮上悬有造型栩栩如生的二龙抢宝、双凤朝阳和各种花草。银皮下端有九只展翅欲飞的凤，每只凤嘴含吊一根银细链，三条须，长 5 厘米。

6. 儿童帽饰

苗族儿童银饰主要是帽饰，多动物和八仙、菩萨图案，工艺精湛，造型逼真。湘西州博物馆有一件儿童帽银饰狮子造型，重135 克，银饰下为花瓣组成的八角圆形，瓣上钻星点和梅花，上有鲜活如生的蝴蝶、虾、螃蟹、鱼、花草等银饰物。花草虫鱼上缀有红绿丝线花束。中间为一圆银片，上为一银狮。其狮造型逼真，周身钻满纹饰，口、耳、身、尾饰满银须，稍抖动，便毛须颤动，活灵活现。八仙和菩萨图案都采用浮雕的方式压模而成，一般钉缝在帽的前沿。

▲图2-7 梳妆苗女

▲图2-8 戴银凤冠的苗族少女 武吉海/摄

▲图2-9 儿童帽饰 向民航/摄

▲图2-10　颈饰1

▲图2-11　颈饰2

▲图2-12　银盘圈

二、颈饰

1. 项圈

项圈，苗语称为"果公根"，因其根细，又名"扭根"项圈，苗语叫"靠莪根"。可单独佩戴，亦有加匾圈、盘圈佩戴的，是颈部主要银饰品，一般为实心。小的轮圈一般需银300克，重的约700余克，中段呈扭丝状的圆圈，两端做一公母套钩，钩柄上缠纹一二十道凸状银瓣，使其更为美观。一般是戴单数，如3、5、7、9根等等，个别地方戴双数。

2. 扁圈

扁圈，为数五匝，是项圈中的中层饰品。外圆最大的一根重约130克，依次是120克、110克、104克、95克。圈心成筋脉状，上面錾有菊花纹饰，两端为公母套钩。扁圈是苗族妇女节庆之日喜佩戴的装饰品之一，均由五根组成一套，花垣的苗族妇女将扁圈戴在胸前，两头大而中间小，谓之"哈高"，即吊勾之意。凤凰苗族妇女，扁圈扣戴在颈后，刻花部位戴在胸前，两头小而中央大，其特点分外鲜明。

3. 盘圈

盘圈，又名"叠板项圈"，苗语叫"靠莪著"。有五匝一盘和七匝一盘之分，多为单数，为项圈中的三层饰品。其形如罗盘，故名盘圈。因每匝互相叠压，即大在下，次在其上，故又名叠板项圈。每匝上凿有花纹图案，十分美观。两头有公母套钩。盘圈是苗族妇女清代以前的饰品，现已不多见，故十分珍贵。

▲图2-13 披肩

4. 披肩

披肩，又称云肩，是苗族妇女披在衣领上的银链饰物，类似流苏。披肩一般需银1公斤打制。一般为绣花缎面做底，银饰缝缀其上，制工精细，为苗族银饰中之精品。佩戴时，披肩能随肩、胸的高低、凸凹而紧贴于肩胸。披肩胸前焊接七或九组银串。每组银串多为两层，每层都是钻花镂空的薄银片，呈瓜子状，两层都系银串，上层为二串，一层为五串，每串的下端都系有银铃、小银刀等。其中以龙的造型最为生动，制作也最精湛。龙鳞以银丝勾画焊接于龙身而成，眼、鼻、须、爪、尾皆备，形态生动活泼。大薄银片上另镂几片浮云护绕龙身，有如云中二龙翻腾，戏夺珠宝。

5. 童项圈

童项圈，需银百余克，大小如筷子，刻有简单花纹。儿童戴时，项圈上多挂有一条银链垂至前胸，链子下端吊有一腰子形的银锁，有的还挂几颗银铃，可以发出响声，以示驱邪赶鬼之意。

▲图2-14 童项圈

▲图2-15　苗族银饰　李健/摄

三、胸背饰

1. 牙钎

　　牙钎挂于胸前右方，苗语称"拍先"，为苗族妇女喜爱的银饰兼适用之物。牙钎一般重近200克，长60～80厘米。牙钎上安有小银圈一个，便于套挂在胸口上，中央为打制的虫鱼鸟兽及植物藤草连缀其间，下端吊有耳挖、马刀、叉、剑、针夹、铲等小物件。

2. 针筒

　　银针筒，苗语称"针就莪"，是苗族妇女佩挂于衣襟的装饰兼实用之物。银针筒链上除必吊一针筒外，还有一至三层其他缀饰，如石榴、铃、棋盘、叶子、灯笼等。最下端还有五条银链、吊瓜子、宝剑、耳挖、小刀等器物。

3. 围裙链子

围裙链子是苗族妇女重要装饰之一，苗语称"那西比告"。链子共有两种：一种是两端勾于裙上，链子的中央挂在颈上或项圈上。另一种是系围裙之用。皆制作精细，简洁实用。围裙若用银链系，可免用花带。一般节日或走亲访友时才用。

4. 挂扣

挂扣，是用银质梅花编织而成的链子，故又名梅花大链子，苗语叫"拉比告"。佩戴时挂于扣上，悬于右襟。其制作方法先用银薄片编成少则数十，多则二百余朵小梅花，再将一朵朵梅花和小环连成链子。

5. 银纽

银纽是苗族妇女喜佩之物。有珠形、盘形两种式样。一般安单纽，有特殊个别好奇者，将五颗纽扣结为一束，安在应扣部位。银扣一般重10余克，两面凸起，有荷花纹、梅花纹等，银光灿烁，赏心悦目。

6. 银花银蝶

银花银蝶系零星饰品，多组合或散钉于衣裤、围裙、胸兜上，图案有八宝、花卉、麒麟、虫、鸟、龙、宝莲灯花等。

7. 银牌

银牌为苗族妇女饰品之一。银牌多悬挂于胸前，其形有长方、正方、斗笠状；表面有平、凸等形，表面錾花草、八宝、鹿、狮子、飞蝶、人物等。有的是在背面使用，或作为服装装饰用。

8. 后尾

后尾，苗名称为"写兔"。是苗族妇女在重大节庆之日才佩挂的银饰。它由花草、藤叶、银牌等装饰连缀而成。银牌上图案有二龙戏珠、百鸟朝凤等。它从后衣领挂过臀部，有如银纱垂背一般。

▲图2-16 胸前的银饰之一

▲图2-17 胸前的银饰之二

湘西苗族银饰锻制技艺

038

▲图2-18　手镯

▲图2-19　儿童银手镯

▲图2-20　指环

四、镯环

1. 手镯

　　手镯，又称臂环，苗语谓"禾抱"。镯子种类很多，按其形状可分为二十余种。有的能开合，有的整体连接，有的空心，有的实心。最重的可达370克，最轻的40克。平时一般只戴一只，节庆集会多则一手戴三四只不等，两手所戴需要对称。手镯，既是苗族男女的装饰品，又具有吉祥如意的含义。

2. 儿童银手镯

　　儿童银手镯，又称手圈。重30～40克，直径4～5厘米。一般两根一套，其中一根上面配官印一颗，另一根配瓜锤一对，取文武双全之意。

3. 指环

　　指环，俗称戒指，苗语称"奥达"。指环种类很多，简单的为韭菜戒，即没有花纹图案的；复杂的为各式花戒。还有单戒和套戒，单的只戴一枚，套戒是除拇指之外其余都戴，四枚戒指组成一套。花戒中最具民族特色又充分体现银匠聪明才智的是"呆四连环梅花套戒指"。它如同现代的小魔方，由四个连环组成，每个连环上有折形形状，平折成90度，其上饰有数朵梅花。每环交错套在一起，能分能合。此戒指若分开后，不熟悉之人难以复原，故名"呆四连环戒指"。人们少则戴一副，多则戴四副，戴的部位必须在手指的中节上。

4. 耳环

耳环为苗族妇女银器装饰物之一,苗语称"靠谋"。主要构成是:银环一个,下吊虫鱼、花卉、叶片缀配。民国时期的耳环,有龙头环、虾环、梅花吊须环、水虫环、荷花环、蝴蝶环、单丝环,还有吊船环,船上首尾各有一人,下垂九链,链缀叶片。因耳环需银不多,苗乡妇女一般皆有,且日常生活中也戴之。

▲图2-21　耳环

第三章 湘西苗族银饰基本内容

第一节　湘西苗族银饰制作原材料

苗族银饰打造的主要工艺历史悠久，源远流长。据史料记载，早在商周时期就出现了银饰制造工艺品。秦汉以后，随着时代的不断发展，人民生活的必需品越来越多，作为装饰品的银器需求量也越来越大。但由于时代和社会进步的局限性，在漫长的历史时期里，银饰工艺的制作和打造比较粗放，工艺水平没有达到很高的境界。唐朝是中国历史上文化科学最为发达的时代，各种手工工艺已臻成熟，并达到了较高的水平。特别是在盛唐时代，银饰制作工艺在继承传统精华的基础上，又大量吸收并融合了西方银饰制作的先进技术，在器物品种、器型、色泽以及原材料的使用上，都达到了较高的水平，为这一特殊制造工艺的发展打下了坚实的基础。

苗族银饰工艺的打制是十分复杂的，其工作也十分艰巨。作为一名银饰工匠不仅要具有良好的心态和品德，同时也要有娴熟高超的技术，这是制作和打造银饰的基础。银饰原材料的选择好坏，不仅对银饰制作的质量有影响，同时对银饰市场价值有其重要的影响。因此，银饰原材料的选择最为关键。因为选择好原材料就可以打制出精美的银饰品，满足高端消费者的需求，为收藏者收藏精美银饰品提供实物。银饰制作的原材料有以下几种品种：金质品、银质品、铜质品、铝质品、玉质品等，但以银质品最为盛行，也最为普遍。

一、金质品

金质品打制的装饰品比较稀少。主要原因是金质品太贵重，材料来源短缺，故造价十分昂贵。另外，金质品硬度很强，熔解度也十分高，一般工匠难以承担如此重负，故使用不十分普遍。在苗族普遍使用银饰装饰品的同时，也使用少量的金质装饰品，如金耳环、金戒指、金手镯、金簪、金项链等。这些金质品打造的装饰品，在苗族地区的使用极为稀少。

二、银质品

银质品由于造价不高，原料来源充足，所以购买十分方便。另外，银质品的硬度和熔解度都比较低，打制时工程不很复杂，容易制作。在苗族地区妇女的首饰都以银饰品为主，这是基于几个方面的因素：一是历史的因素。在"三苗"时代银饰已在苗族百姓中开始流行。初时，主要在头人和富有人家流行，他们把银质品打制成祭器，如银香炉、银匙、银佛手等，或打制成食器，如银杯、银碗、银筷子等。经过一段漫长的历史发展，银饰品从宫廷走向民间，从祭品和摆设装饰品慢慢演变成人的服饰上的装饰品。在宋、元、明时代苗族的银饰品发展到了高潮，且不分男女，

▲图3-1　银片、银丝

但妇女和男人比较起来，妇女的银饰品要华丽复杂得多。银饰品品种也由原来的几种，发展到现在的上百种，同时装饰品的形式也各有不同。二是传统习惯的因素。苗族历史悠久，它和中华其他民族一样有着十分久远的历史和光辉灿烂的文化。苗民祖祖辈辈最喜爱银装饰品，一代又一代不断地传承发展下来，这已成了他们不可磨灭的传统习惯。在苗族居住地区，离开了银饰品生活就失去了光彩，银饰品不仅是其装饰文化的精华，同时也是整个苗族文化的高度集中和浓

缩，是永远不可替代和不可磨灭的文化凝固的文明。三是爱美崇美的因素。苗家是一个文明也爱美的民族。银饰品洁白无瑕，纯净漂亮，这正是苗族向往、追求和崇尚的。内容丰富、种类繁多、多姿多彩的银饰品，是一个洁白纯净的世界，是一个誉美扬美的世界。聪明智慧的苗族人民，把银质品打制成各种各样奇丽无比的装饰品来装扮自己的如花容颜，美化自己的斑斓生活。从银饰品的形状式样来看，麒麟、牛羊、骏马、飞禽走兽、花鸟虫鱼等都是它展示的对象，都是银饰打制的图案。实际上这就是苗族对自己的人生和生活高度美化和集中的展示。

三、铜质品

铜质品比起银质品来价值要低得多。苗家在开始使用饰品时，铜质饰品比较多，由于铜质饰品的造价不高，而且使用的寿命也不长久，故而不受苗族人民的喜爱和欢迎。随着历史不断发展、时代不断前进，人们对装饰品的要求越来越高，在饰品原料的选择上也更加精细慎重，价值较高而且做工精美的银饰品代替了铜饰品。因此，铜饰品在苗族的装饰品中逐渐减少。铜质饰品虽然从主导地位退了下来，但它还是没有完全消失，至今在苗族的装饰品中还有少量出现，如铜耳环、铜戒指、铜项圈、铜手镯等。不过，使用这类装饰品的人最主要的是儿童、男人和老年妇女，也有家庭比较贫寒的苗族妇女。

四、铝质品

铝质品和金质、银质、铜质品比较起来，就要低廉得多。因此，在苗族的饰品中，铝质品是很少有的。铝质和银质制作的装饰品完全不能相比，但也有极少数的黑银匠师傅，他们为了赚钱，不讲信誉道德，以

▲图3-2　白铜

▲图3-3　铝材

铝质品冒充银质品，骗取他人的钱财，使一些不辨真假的苗族妇女上当受骗。特别是进入二十一世纪以后，随着旅游事业突飞猛进的发展，银饰品的销售量大大增加，一些从事银饰制作的不法商人，用铝质品冒充银质饰品，为纯净精美的银饰品制作抹黑，同时扰乱了银饰品销售市场，这是值得我们高度注意和警惕的。

五、玉质品

玉质装饰品在苗族银饰品中同样占有一席之地，不过不多见，而是大量使用银饰品来装饰。其原因是玉质品的造价极高，原材料来源十分短缺，同时玉质品质地硬而脆，不易制作精湛细美的各种装饰品。更重要的原因是玉质品金属坚硬牢实，体积大时，佩戴起来不方便，特别是十分沉重而难以承受，不宜大量使用。但小件玉质装饰品在苗家妇女的装饰中也出现较多，如玉耳环、玉戒指、玉簪子、玉手镯、玉佩等。不过这些都是小件装饰品，大件的和有组合性的装饰品流传下来的很少。

▲图3-4 一对玉耳环

第二节 湘西苗族银饰制作工具和设备

　　苗族银饰制作的工具和设备不仅数量多，而且结构十分复杂。根据银饰的要求和需要，工具和设备可分为三种形式，即大型工具设备、中型工具设备、小型工具设备。

一、大型工具设备

　　大型工具设备主要有：炉灶、洗锅、铁夹、铁槽、铁砧和铁板。炉灶包括炉台、炉架、炉堂、风箱，主要作用是烤化熔解原银，使其成为制作银饰的材料。洗锅用于装明矾水，熔解后的银条或银块由于受到烈火的烧烤，表面上是黑色，必须将其放在洗锅里洗净，洗去二氧化碳黏液，还银质的原色。长形铁夹用于烤银时夹银之用。铁槽用于冷却银液之用。铁砧又叫大形木砧，用于打制银条之用。银液放在铁槽冷却后，成为银条，然后用铁锤在木砧上打制成银块。铁板用于将银条打制成银块之用。其他还有铁盒、铁锯、银盘、铁栏、铁钩等大型工具。

▲图3-5　银饰作坊

▲图3-6 风箱

▲图3-7 炉灶

▲图3-10 铁夹、铁槽

▲图3-8 洗银具

▲图3-9 铁盒

二、中型工具设备

中型工具设备很多，主要是用于打制各种银饰的模具。

所谓模具，即在银饰制作的过程中，必须用银块或银片通过模具打制成各种各样的银饰成品。银饰制作模具分为铁模具、铅模具、铜模具三种。模具有凹形的、凸形的、圆形的、正方形的、长方形的、菱形的、平面形的、圆锥形的、圆柱形的等多种。其品种式样可分为飞禽走兽、花草虫鱼、日月星辰等十多种。飞禽有凤凰、喜鹊、天鹅、鹭鸶、鸳鸯、燕子、杜鹃、麻雀、山鸡、锦鸡、鹌鹑、八哥、斑鸠等；走兽有龙、狮子、老虎、豹子、牛、羊、马、兔子、猪、犀牛、蟒蛇、蝙蝠、麒麟、猴子等；花草有梅花、牡丹、芍药、桃花、李花、菊花、兰草花、石榴花、茶花、桐花、杜鹃花、桂花、牵牛花、百合花、月季花、荷花、芙蓉花、金簪花、银簪花等数十种；虫鱼有蝴蝶、蜜蜂、蜻蜓、螳螂、蚂蚱、纺织娘、蚂蚁、蚯蚓、金鱼、鲤鱼、鲫鱼、青蛙、螃蟹、大虾、团鱼、乌龟、泥鳅、鳝鱼等；

▲图3-11 中型工具及设备

▲图3-12 抽丝工具铁板

▲图3-13 洗银盘

▲图3-14　洗银盘

▲图3-15　抽丝模具

▲图3-16　银饰制作模具1

▲图3-17　银饰制作模具2

▲图3-18　银饰制作模具3

▲图3-19　银饰制作模具4

▲图3-20　银饰制作模具5

日月星辰主要有太阳、月亮、星星、云彩、水波、山泉、小溪、河流、湖泊等。这些模具是制作银饰的重要工具，银饰中的各种各样品种，都是通过各种不同类型模具打造制作出来的。钻孔工具主要是钻孔铁板。钻孔铁板又叫铁漏板，在银饰制作中极其重要。一般来说，银饰的半成品有银条、银块、银丝几种。银丝制作极其复杂，前后要经过数十道乃至上百道程序。铁板孔分为大、中、小三等，根据银丝的粗细使用不同的铁板孔。

随着时代的不断发展前进，人民生活需求的不断提高，在传统和原始模具的基础上，还可以制造新银饰品种的模具。根据当代人的观念崇尚和意识追求，苗族银饰品中出现用文字表象组成的图案，如"万事如意"、"吉祥如意"、"四季平安"、"贺喜发财"、"繁荣昌盛"、"幸福安康"、"平安归来"、"全家和睦"、"健康快乐"等。对于银饰品打造和制作质量的好坏，模具制作起着举足轻重的作用。

▲图3-21　银饰制作工具

▲图3-22　小型工具设备

三、小型工具设备

银饰打造和制作除了大型和中型工具设备外，小型工具也不可缺少，特别是在锻制一些细小的银饰品时，就必须要用轻微细小的工具。如打造龙凤图形时，凤凰的羽毛和龙身的鳞片都是十分细小的，都是用细小的工具一钻一锤打造出来的，其工艺复杂而繁琐。银饰小型工具大致可分为以下三种：

▲图3-23　银饰打制工具

1. 钻孔使用的工具

　　这类工具特别多又特别细小，因为需要钻孔的银饰品特别多，多达几十种乃至百十余种。如各式飞禽走兽、虫鱼花草、日月星辰的图案都需要钻孔。凤凰的羽毛、龙的麟片、花的花朵、蝴蝶翅膀的花纹等都需要钻孔。用于钻孔的工具主要有钢钻、铁钻、铜钻，还有铁钉、铁针等。铁钻分为大、中、小三种：大的直径为10公分，长约20公分；小的直径为3公分，长约为5公分；最小的铁钻直径为1公分，长约3公分，它与铁钉一样大小。铁钻的种类有圆形的、圆柱形的、菱形的、三角形的、正方形的、长方形的等。

2. 剪裁使用的工具

　　银片花纹图样打制成功以后，最后一道工序就是把这些样片按照图样规格剪裁下来，一些多余的部分也需要剪除掉。如制作银花帽上的各种飞禽走兽和花草虫鱼的样片，都需要通过银匠师一件一件细心剪裁。这类的工具有铁剪子、铁夹子、铁锤子、铁刨子、铁锯子等。

▲图3-24 剪裁工具

▲图3-25 铁砧铁锤

3. 焊接使用的工具

银匠师按照自己原来设计的图案，把剪裁下来的各种花纹图片，装饰串联到银饰品上面，大件有银花帽、银凤冠、银披肩、银佩、银泡，小件有银葫芦、银铃、银耳环、银坠子等。银饰品制作用于焊接的工具有铁钳子、铁钩、铁嘴吹管、铁壶、煤油灯盏等。

除了以上记述所使用的工具外，银饰打造制作还要有附属设备和工具，如打造制作银饰的作坊和场地，银饰匠工作的桌子、板凳，放置工具的木箱、桌子，装置木炭的竹筐，收藏银饰品的木柜或铁柜。此外，还有清水、脸盆、火柴、打火机、照明的电灯、手电筒、皮手套、围腰布、帽子、眼镜等。这些都是银匠师傅在打造锻制银饰品时不可缺少的工具，只有所有的工具和设备都十分齐全了，那么银匠师傅工作起来时，才能顺利方便，打制的银饰也才能保证质量，才能出精品和珍品。

▲图3-26 焊接工具

第三节　湘西苗族银饰制作工艺流程

　　苗族银饰造型美观大方，内容丰富，多姿多彩，在民族的装饰首饰之林中，精美绝伦，一枝独秀。这不仅是银饰饰品价值昂贵，更重要的是其工艺流程极其复杂，锻造时间跨度长，且精细繁杂。其间只要一道工序失误或不达标，就会使全盘工作毁于一旦，造成不可估量的损失，可见其工艺流程的复杂性、艰巨性和重要性。苗族银饰锻造的工艺流程大致可分为三个阶段，即银饰的胚胎制作，银饰的半成品加工和打造，银饰成品的焊接与装饰。

一、银饰成品的坯胎制作

　　银饰成品的坯胎制作是银饰品的第一道工序，也是银饰品锻制最重要的一道工序。它包括以下几个方面：

1. 原料选择

　　银饰品的原料选择是极其重要的。因为，银子本身的质量有好有坏，并不是只要是银子就一律是好的。故而银匠师傅在银饰品打制之前，首先要对银子认真地鉴别和筛选，选出质量上乘的银子作为原料。这样才能在进行锻造和打制时不出偏差，为下一步工作做好充分的准备。选择银子时，可用器物检验质量好坏、重量的轻重和硬度，使选出的银子不出偏差。二是从银子的色泽方面进行观察和选择。真正的银子是色泽光滑闪亮，只要用手拿着银子对着太阳一照，其光芒闪烁耀眼，光亮四射，这种银子即是纯银好银。三是从银子的纯度进行选择。银子的纯度高低，必须通

▲图3-27　生火

▲图3-28　升温

▲图3-29　放熔银盒

▲图3-30　选料

▲图3-31　加料

▲图3-32　放料

过检测器进行检测，如果没有检测器，可用土办法进行检测。银匠师傅一般用放大镜对着银子照，就可以看出银子里面是否含有其他物质。纯银含杂物甚少或微乎其微。高质量的纯银是不含其他杂物的。如果含有其他杂物，那么银子当然不属于纯银。

2. 银子的熔解和冶炼

制作银饰品的银子材料选择好以后，银匠师傅就将银子进行加工处理。其工序为将银子放在火炉内进行烤熔，即把银子放在铁盒里面，再将铁盒按顺序地在火炉内放好，然后放上木炭。木炭要把铁盒盖满。准备就绪后，炉堂点火。炭火燃烧之后，银匠师傅立即拉动风箱，将炭火吹燃加温，不断地提高其温度，其间不能停顿，以免炉火降温。大约经过一个小时左右，停止拉风箱，炉堂铁盒内的银子已经化解熔成银液，这道工序即达到目的。在这一道工序中，最重要的是掌握火候，同时也要把握冶炼的时间，火候不到家，银子就不能熔解。熔解的程度不够，冶炼的时间过长，熔解的程度过了头，那么熔解的银子液就会老化而影响银饰品的打制成色。因此，银子冶炼的技艺十分重要，必须不偏不倚，恰到好处。

3. 银饰品的坯胎制作

所谓坯胎制作即银饰品制作的最初阶段。银饰品坯胎的制作，其工序过程是，首先在银子未熔化之前，必须选好装盛银液的器物，如铁槽、铁盒、铁板等。盛装银液的器物选好后，就可以放在火炉旁边的桌子上，将银子熔化后，银匠师傅用铁刷涮起银液铁盒，将银液倒在铁槽里，银液在铁槽内经过冷却后，立即变成了长条形的银条，即成为银饰品制作的坯胎。银饰品制作的坯胎有银条、银块、银坨、银砖（长方形和正方形）等几种。

▲图3-33 熔银

▲图3-34 提温

▲图3-35 冶炼

▲图3-36 冶炼加温

▲图3-37 银液

▲图3-38 倒入银槽

4. 银饰品坯胎的处理

银饰品坯胎制成以后，必须经过认真处理和清洗。处理和清洗的方法是，首先称好明矾的数量，多不行，少则达不到效果，必须达到一定的数量，方能达到效果。明矾的数量选定好后，然后将明矾放在铁锅里面熔解，成为绿蓝色的水液即可。待明矾冷却后，银匠师傅将银条或银块放在明矾水里浸泡，大约二十至三十分钟后，即将浸泡的银条取出，再用清水洗刷，银条上的污垢即去除掉，呈现出白净透明的色彩。如果银条上仍呈现黑色污垢，就将银条放在明矾水里再次浸泡，直至将黑色污垢洗净为止。

▲图3-39 坯胎银条

二、银饰半成品的加工和打造

银饰半成品的加工和打造，是银饰品进入制作阶段的一道工序，也是银饰品成为成品的最重要的一道工序，它包括锻打、锤揲、压模、冲模、镌刻、鎏金、镂空、抽丝、炸珠、镶嵌、剪裁等多道程序。

1. 锻打

锻打是打造银饰的首要程序。银饰的坯胎制成洗净后，银匠师傅就将银条在大型铁木砧上进行锻打。这道工序极其重要，需要耐心细致。一条直径两毫米或大致直径为一厘米的银条，要经过千百次反复锻打，使其成为一块银片。在锻打的过程中，银匠师傅手握铁锤上下使劲，必须要掌握分寸。力量过轻，花的时间长，且又难成银块或银片；力量使用过重，银块或银片就会被锻成废品，不能使用，故成一大损失。因此，对银条进行锻打时，力量使用必须十分均匀，过重过轻都不好。因为把银条锻打成银片或银块，其好坏会影响银饰品的制作，其锻打的技术成为关键。

2. 锤揲

锤揲是绝大多数器物成型前必须经过的工艺过程，又称锻造、打制，出土金银器皿中称"打作"。其方法是先锤后打银板片，使之逐渐伸展开成片状。银板或银片打成后，再将片状薄银置于模具之中打成各种形状，也可用这种方法制作装饰花纹。一些形体简单的饰物可以一次直接锤制出来，如梅花、牡丹、蝴蝶、蝙蝠等轻型银饰品。而复杂的饰物必须先分别锤出各个部分，然后焊接在一起，如银帽、花冠、银凤冠等大型银饰品，都是首先锤打制成数十乃至百余件的小饰品，然后才焊接装置而成。用锤制法制造饰物要比锻造所用材料少，也不像铸造饰物时需要多人分工合作。这种方法在质地较软价值又较贵重的银器制作中较为常用。在苗族银饰或银器中，用银子制作的

▲图3-40 锻打

银碗、银盘、银碟、银杯、银壶等都是用锤揲技术制作而成的。

3. 压模

所谓"压模"，就是将要打制的银饰品放在先已制好了的模具里，如飞禽走兽的模具，花鸟虫鱼的模具等。具体来说，如要打造一只凤凰鸟，那么就将首先制好了的银片放在凤凰模具里进行打压，即得到凤凰鸟的银饰品。又如，要打制一朵牡丹花的银饰品，那么就将银片放在牡丹花的模具里用电动机打压即得牡丹花的银饰品。实际上，苗族银饰品绝大多数样品，都是通过压模而成的成品。可见，压模在银饰品的打造中所起的作用极其重要。压模有两种形式：一种为阳压，一种为阴压。所谓阳形压模，是将银片通过先制好的凸形模具进行压制；所谓阴形压模，是将银片通过先制好的凹形模具进行压制即成。除了以上所说的阳压和阴压之外，还有平压、竖压、倒压、夹压等多种方式，不过以阳压和阴压为最多。苗族银饰的模具多至数十种乃至几百种，绝大部分的苗族银饰品都是通过各种成形的模具打造出来的。因此，压模是苗族银饰制作最关键最重要的一道工序。

▲图3-41　压模

4. 冲模

冲模在银饰品的制作中也是不可缺少的工序之一。所谓冲模，是银匠师傅在制作银饰品的过程中，使用阴阳双层模具打制银饰品。做法是将首先制作好的模具分上下两层合盖好，然后将已熔解的银液分别倒进阴阳模具里，待银液冷却后，即将阴阳模具打开，就可以得到应该打制的银饰品。冲模主要是制作小件银饰品使用的模具。因为小件银饰品多而复杂，制作起来不仅工序流程太多太复杂，同时所需要花费的时间也特别多，因此多用冲模方式制作。更重要的是冲模制作小件银饰可以节约原料，防止和减少银饰品制作中的浪费现象。可以说，冲模可以节省时间和原料，

▲图3-42　冲模

可以加速银饰品的制作进程。通过冲模制作出来的银饰品，还要再一次进行加工处理。因为，银子原料通过熔解后，释放出一些污垢和杂质，制成的银饰品不够纯净透亮，必须把这些成品放在明矾水里进行浸泡和清洗，除去污垢和杂质，保持银饰品的纯净透亮，保证银饰品的质量。

5. 镌刻

银饰品制作成后，还要做一些补充、修理、加工的细微工作，如镌刻等。所谓镌刻，是在银饰品打制为成品后,但还未成为最后的成品时的一道加工工序。如打制凤凰和彩龙的同时，凤凰的羽毛和龙身上面的麟片就不可能呈现出来，这就需要银匠师傅进一步的加工处理。这是一项极其细微而又复杂的工序，必须要有耐心。加工时，银匠师傅用钻子在图上细心镌刻，把一片一片的羽毛镌刻出来，显得逼真而又漂亮。特别是打制龙和鱼的图案时，所要花的时间就特别多。因为，龙和鱼的身上都披着密密的鳞片，银匠师傅就必须细心地把微小而又密又复杂的鳞片一片片地镌刻出来。这是一项复杂而又细微的工序，弄不好就会使银饰品成为废品，就会损失很大。可见，银匠师傅所从事的工作是多么的艰苦。银匠既是苗族银饰文化的制造者，同时也是苗族银饰文化的保护者和传承者。

▲图3-43　镌刻

6. 鎏金

鎏金是各装饰品制作不可缺少的一项极其重要的工艺程序。鎏金工艺流程技术在我国历史特别悠久。早在商周时代，我们的先祖就把这一技术使用在青铜器的装饰方面。盛唐时代，这种装饰品的技术大量地使用在银器装饰方面，当时称为"金涂"、"金花"、"镀金"或"金镀"。其方法是首先将成色优质的黄金锤揲成金叶，剪成细丝，放入坩埚中加热烧红，按照一两黄金加工七两水银的比例加入水银混合成金汞，俗称金泥。这是鎏金的第一步工序，也是关键的一道工序。金泥制作成功后，然后将金泥涂抹在所要鎏金的器物的表面，然后在火上烘烤器物，水银过热蒸发，金留存于器物表面，鎏金器遂成。由于鎏金是一个极其细微而又复杂的过程，不是一道工序就可以成功的，所以必须经过多道工序方可完成。若要加厚鎏金层，可按照以上方法反复地进行几次。鎏金工艺可分为通体鎏金和局部鎏金两种，一是刻好花纹后再鎏金，如苗族银饰品中的凤凰纹饰和金龙纹饰即是；二是鎏金后再刻花纹，如苗族银饰中的簪花、铃铛、吊串、花面、花束等均是。在以往苗族多种的银饰品中，多为局部鎏金，通体鎏金的很少。如苗族儿童的狗头和猫头花帽，前面上装饰的十八罗汉佛像，每个佛像都是通体鎏金。随着苗族人民生活水平的日益提高，需求和审美观念的改变，在苗族银饰中越来越多的饰件都是通体鎏金的。再如苗族银饰的接龙帽和花帽，上面各种各样银饰品都是通体鎏金的，看起来美观大方，使银饰品的制作更加趋于实用性和观赏性。

7. 镂空

镂空又叫作透雕，是银饰品制作工艺中不可缺少的工序。一般来说，苗族银饰品的小件物品只需要镂雕（即将银饰品中复杂的部分去掉）或穿孔即可，但银饰品中的大件物品必须要经过特殊的制作方法，才能达到其效果。如大件的接龙帽、银帽、银花帽，银项圈上面的花纹，银手镯上面的纹饰等，要凸显出其花纹图案，必须要通过镂空这一道工艺流程，才能完成其工艺程序。银饰品的大件制作更需要镂空，如银盒、银碗、银壶、银筒、银护腕等。这些银饰银器制作好后，上面有各种各样装饰的花纹，这些花纹与物件融为一体，必须通过银匠进行镂空工艺程序后，花纹图案才显现出来。因此，镂空在苗族银饰品的打造制作过程中，是极其重要而又决不可少的一道工序。所谓镂空，就是在已经制作好了的银饰品中，用钻子

▲图3-44 镂空

或镊子，将其多余的部分除掉，将其需要的部分用花纹或图案显示出来，同时，也可以将其残缺的花纹图案去掉，保持花纹图案的清晰与和谐。

8. 錾刻

在众多苗族银饰品的制作中，錾刻也是一道重要的工艺程序。所谓錾刻，就是银匠师在已经打造制作好了的器物上，进行加工处理，即在制作好的银饰品表面进行装饰处理。具体方法是用小锤在器物上轻轻地敲打，既要耐心细致，也要观察分析，将需要的部分留下，将不需要的部分除掉。这是一项极其精致的工作。在苗族银饰品的打造和制作工艺流程中，錾刻一直作为细部加工最主要的工序而被使用。如在银饰打造或锻冶的过程中，铸造器物的表面刻画，贴金包金器物的部分纹样，也经常采用此种方法。由于錾刻工艺具有独特的装饰效果，在现代金器和银器饰品中还仍然使用。

9. 抽丝

抽丝在银饰的制作中是一道复杂而细小的工艺程序。在银饰各种大小饰品中，都是单件独立存在的，而要把各种大小饰品器物装饰和连接在大件饰品器物上面，就必须依靠粗细不同的银丝串联起来。如要制作一顶银花帽，花帽的饰件组成是由各种大小不同器物饰件串联组合成的，像各种花纹、凤凰、龙、狮、虎、鱼、雀鸟、鸳鸯等图案的饰品或零件，必须都要首先用银丝把它们串联或焊接而成。因此，银丝在制作饰品特别是大件饰品中是极其重要的小零件。银丝有大、中、小三种类型：大的银丝直径在 1 毫米左右；中等银丝直径在 0.5 毫米左右；小的银丝直径在 0.1 毫米左右，这已是极细小的银丝了。银丝越小，工艺越复杂，制作也越艰巨。要抽一根极为细小的银丝，必须要进行数十次乃至上百次的工序，这是需要极大的耐心方能做到的，如果稍有偏差或稍不留意，银丝就会

▲图3-45　抽丝1

▲图3-46　抽丝2

断裂而成为废品。进行抽丝时，其方法是将已制作好的银条投进抽线器中（也叫银丝抽盘或钻盘），通过银匠师的手工操作，耐心而又细致地进行作业。抽丝盘是用铁制作成的，分为大、中、小三种铁盘模具，在模具上钻有很多眼孔。如要抽较粗的银丝就用大型抽盘，抽中粗的银丝就用中型抽盘，抽细小的银丝就用小型抽盘，这样一来，银匠师操作时就可省时省力，达到预期的效果。在银丝操作抽丝的过程中，也有将抽丝孔钻在一块铁板上，按照银丝粗细而分别钻有大、中、小三种眼孔，操作时都在一块抽丝铁板上进行。这种方法只有少数银匠师使用，大多数银匠师在抽丝时都是使用三种抽丝板进行操作的。这种分工制作的银丝当然要比单一的抽丝板保险和精致些，也就是说银丝的质量能得到保证一些。

▲图3-47　抽丝3

10. 炸珠

在银饰品打造和锻冶的过程中，炸珠是一道重要的工艺程序。在很多银饰品或器物上，银匠师在进行装饰剪裁时，需要无数细小颗粒的银珠嵌在器物上。特别是大银饰品如银帽、银披肩、银凤冠等饰物，上面除镶嵌有各种飞禽走兽、花鸟虫鱼图案外，还镶嵌有无数光闪闪的银珠。这些银珠镶嵌在银帽、银凤冠上面，摇曳抖动，闪闪烁烁，像无数水珠在闪光，灿若云霞，艳丽无比，起到陪衬和画龙点睛作用。如若离开或缺少了这些细小银珠，那么银凤冠就逊色多了，显得单调浅薄，其观赏价值和实用价值就要低劣一些。银饰炸珠的制作方法是，先将白银原料熔化，熔化好后再把银液倒入盛有清水的瓷盆中，由于银液的温度要比水的温度高许多，银液遇冷后，立刻分解在水中，结成大小不等的颗粒状，即便成为银珠。这一工艺程序我们把它叫作炸珠，也叫作凝珠。银珠炸制成以后，将银珠从水里捞上来，如发现银珠上有黑色的污点或者银珠上粘有微量的污垢，必须将银珠放在明矾水

▲图3-48　炸珠

里浸泡，待污点褪尽后，再将银珠取出来，得到白净闪亮的银白色珠子即可。苗族炸珠工艺由来已久，早在唐代时就开始盛行。开始时炸珠是用手工操作，即把白银熔化冷却后，放在先已制成的孔模具里锤打。这种方法，炸珠的成功率很低。通过实践，匠人们发现把银液倒在清水中，炸出来的银珠子又快又好，成功率很高。从此后，炸珠工艺长久地一代代在苗寨中传承下来。

三、银饰品的剪裁与装饰

银饰品打制成后，各自都是以个体出现的，要把这些单独的品件装饰成一套整体的银饰品，必须还要经过剪裁和装饰这一项工艺程序，方能成为一件件成形的银饰品。这是一项耐心而又细致的工作。银饰品的剪裁与装饰要经过剪裁、焊接、衔接、修饰等几道工序。在实行和完成最后几道工序时，银匠师必须把银饰品件应构成的图案构思设计好。以银饰的接龙帽为例，构成接龙帽的银饰部件大小有几十种乃至百余种，这么多的部件各自装在什么地方，是有其严格规定的，安装部位错了，这件银饰品就成了废品，其损失是十分严重的。接龙帽在帽上装饰有多条龙形纹，它以龙形纹图案为主体，其他配以凤凰、鸳鸯、蝙蝠等部件，以及花鸟虫鱼各种纹样部件，大大小小百余种，构建组成一顶接龙帽，可见工艺程序有多复杂。

1. 剪裁

剪裁又叫剪辑，也是银饰品中很重要的一道工序。大件银饰品都是通过多种小饰品组件组装成的。各种单件银饰品的打造和制作，称为毛坯品或次成品。如制作一件凤凰纹样图或龙形纹样图，毛坯出来以后，它是融入在一块银片板上面的。如要得到其纹样图，银匠师就必须对这些毛坯品件进行耐心细致的剪裁，把与纹样图案无关而又多余的部分剪裁去掉，留下需要的纹样图案。因此，很多小型银饰品件，都是通过银匠师巧手的剪裁而成形的。这类需要剪裁的银饰品件特别多。如花、草、虫、虾、蜜蜂、苍蝇、蚊子、鸟雀等，都是要通过认真修剪后而定形的。这说明了剪裁是极其重要的。

▲图3-49　剪裁

2. 焊接

在苗族银饰的制作中，焊接也是一道重要的工序。因为，各种大小银饰部件制作成功后，在打造制作大件银饰品时，就要把大大小小需要装饰部件焊接在器物的表面。例如，苗族银凤冠的制作就是把百十余种纹样饰件图形按先已规划好的焊接上去，即成一顶由多种品件组成起来的银帽。可见，所谓焊接就是按照银匠师首先设计好的图案，然后按照设计的图案规划，把器物的部件以及纹样同器体连接成整体。具体方法是，通过加热使焊药熔化，把被焊部件与主体器物粘结牢固。银帽、银花帽、接龙帽、银凤冠这些大件银饰品，组装时十分复杂，组装的小部件数量特别多，少则数十件，多则一两百余件，要把这么多大大小小的部件焊接上去，其工作的复杂程度和工作量是很繁重的。银饰部件的焊接不能使用高温度的电焊，这样会把焊接的部件烧熔化成灰粉。因此，银饰部件的焊接只能使用一种药物配方，才不至于损坏部件。这种药物叫作焊药，焊药的配方和组成，其主要成分一般与被焊的相同，加少量硼砂混合而成，也有用银与铜为主合成的焊药。焊接使用的加热器是装有煤油的锅壶，煤油火点燃后，银匠师用一根专门制作的铁管，用嘴含着铁管不停地吹，被焊接的部件熔化后就和整个器物接成一体了。

3. 铆接

在银饰部件的制作中，一些小件或大件物品需要通过焊接这道工艺来完成装饰，但也有一些部件是无法用焊接的方法把它装上去的，如器把、提梁和一些部件就无法焊接上去，必须用另一种方法把它连接到器物上去，这就需要使用铆接方法。铆接法就是把接件和主体件凿出小孔，然后用穿钉把它钉牢。铆接法在银饰的制作过程中，是经常使用的一道重要工艺工序。如苗族银饰的大件饰品银帽、银凤冠、银披肩、银佩等，这些大件银饰品均由无数小部件组合而成。小部件之间的联结和串联，一是通过焊接的方法完成，二是通过铆接的方法完成。需要通过铆接工艺程序来完成的银饰品，主要有器把、提梁、银佩的串结、银帽各小件联合穿附等。因此，铆接也是苗族银饰品制作中不可缺少的工艺程序。

▲图3-50 镶嵌

4. 镶嵌

　　苗族银饰品打造和制作的工艺程序不仅方法种类繁多，而且工艺程序极其细致，分工十分明显，各种工艺程序之间相互影响而又各有独自的操作程序。镶嵌是一道过渡性的工艺程序。大件银饰品如接龙帽、银花帽、银凤冠，是由上百个小部件组合而成的，在组装时，银匠师早已有一个通盘计划。银匠师按照设计好的构图图样，使用镶嵌这一工序，把需要装饰的部件，一件一件地镶嵌到规定的部位。镶嵌好后，再进行焊接或铆接，制作成一顶完整的银帽。一般来说，镶嵌在银帽上的物件都是起重点装饰的作用。它所使用的材料主要有玉、翡翠、绿松石、玛瑙、琥珀、水晶、珍珠、象牙等，这些用于镶嵌的材料在苗族银饰中也经常使用。不过因其价值昂贵，主要在富贵人家的银饰品中使用，而一般的银饰品中极少使用。

　　苗族银饰品制作除了镶嵌等工艺程序外，还有点翠、珐琅等工艺。所谓点翠就是将彩色鸟羽（一般为蓝、绿两色）填入银饰框成的图案。点翠银饰往往是镀金的，这样的银饰非常精致漂亮。随着时代不断前进，苗族人民的生活水平大幅度提高，银饰品的需求量大大增加，同时银饰品的装饰制作也推陈出新，镶嵌和点翠的银饰品不断涌现，给苗族银饰品市场增加了一道亮丽的风景。

5. 修饰

　　修饰是苗族银饰制作中最后的一道工序。其方法是把已经制作好的各种银饰品，通过人工加工处理，使银饰品保持清纯洁净。因为各种银饰品的制作成功都要经过大大小小的多道工序，所以银饰品中将会或多或少地沾染上一些尘土和污垢，必须清除洗涤掉。同时银匠师通过仔细观察，将银饰品中多余的部分修理掉，以保证其完整性和纯洁性，增强其观赏价值和市场价值。

第四节　湘西苗族银饰的传统锻制技艺

　　银与金在中国历史上统称为贵重金属，虽与金子相比较它的价值要略逊一筹，但它与黄金一样，历来被世人珍视。在人们的心目中，白银是比较贵重的，属于财宝一类。《说文》将银子解释为"白金"，可见其价值是相当贵重的。我国最早的银器产生于商代，经春秋战国至南北朝各代的发展，到唐代银器制作进入兴盛时期，金银器制作成为唐代官营手工业中一个重要部门。从唐代开始，银器作为一种民间手工业产品，经宋、元、明、清等朝代，越来越成熟，越来越兴旺发达。但在苗族群众中，银饰品制作始终在民间流传，且为个体民间手工业者的私人作坊。在明清两朝代，苗族民间银饰制作达到了高潮。据统计，在夺希、山江、吉信、阿拉等苗区，苗族银饰私人作坊少的有数十家，多的达到上百家，这是苗族银饰制作达到鼎盛时期。新中国成立后，实行自治的民族政策，苗族人民不仅在政治上得到了翻身，当家做了新中国的主人，同时在生活上得到了改善和提高，留恋故土、故步自封的旧观念得到了彻底改变。汉族文化大量涌入苗寨，这样苗汉文化相互融入，产生了一种新的视美和审美文化。观念的不断更新和新的审美需求，促成了苗族中一种新兴的社会文化，一些旧的观念和旧的文化受到了冲击。因此，苗族传统的银饰文化慢慢地受到了冷落，佩戴银饰的人也越来越少了。但事物的发展总是时起时落的，兴旺发达、枯败衰落也总是反反复复的。进入 21 世纪之后，各种原来隐没的民间手工业大量走入市场，苗族银饰品如枯木逢春同样也步入了现代高消费的市场，成为旅游市场的热销产品，其发展势不可挡。苗族银饰品的制作，在中国这片土地上已经流行了上千年。它以独特奇异的民间锻制技艺长久地深藏于民间，成为民间工艺的一朵奇葩。苗族银饰文化丰厚无比，它是苗族民间手工技艺文化和民俗文化的典型代表，有着极高的观赏价值和民族文化研究价值。

苗族银饰手工制作工艺，长久以来在民间流传。它以个体私人作坊为单位，从未形成集团式的手工作坊。银匠师长久以来习惯于私人家庭作坊的制作，以家族祖传的方式一代又一代地流传。这一特殊的工艺技术既然是以封闭的形式在民间流传，那么，它的锻制技艺也就可以完整系统地流传下来。其技艺很少在民间流失，这是一种可喜的现象。

苗族银饰传统锻制技艺既丰富多彩，又广博深厚，其主要内容有冶炼技艺、锤揲技艺、模具制作技艺、焊接技艺、炸珠技艺、镂刻技艺、剪裁和修理技艺等十多种，是一项需要进行艰苦创作的手工工艺。

一、熔解技艺

凡是要制作一件银饰品，其首要工作就是把原材料进行加工。银饰品制作原料是白银。因此，在制作银饰品前，首先要把白银熔化，制作成银条或银坨，才能进行银饰品制作。在银匠师的私人作坊里，都建有一座炉子，专门用于熔化白银。在熔化白银时，要掌握以下几个方面的技艺：一是掌握好白银的熔点和沸点。白银的熔点为960.8℃，沸点为2210℃。在熔解过程中如果超过了这个度数，白银就会熔化为白灰。如果达不到而低于这个度数，白银就不会熔化或者熔化成生的银液（即硬液），其熔液不能用于银饰打造。二是要掌握燃烧的火候，火力过猛，熔化的银液过熟，使银液中杂质含量过多过重，达不到纯银的要求；如果火力太弱，而又达不到白银熔化的程度，使其生硬不宜使用，变成废品。因此，在熔解白银的过程中，重要的是掌握好火候，使温度达到规定的要求。三是掌握倒银液使其冷却的技术。要使银液冷却首先要掌握好提取银液的一瞬间。当银液熔化好后，要立即将银液从炉堂炽热的火中取出来，并立即将银液倒进事先准备好的木槽里，待银液冷却后，再将冷却后已形成的银条或银器取出来。如果从炉堂中取出银液的过程过久过长也就无法让银液在铁槽里冷却，而银液即成废品。

二、锤揲技艺

白银熔化后，必须要经过锤制打造，将银条或银坨锤打成银片、银丝、银块。在苗族银饰制作中，锤制技艺是一项最艰巨而又最重要的技艺。锤制俗称锤揲或锤打。在锤制过程中，主要需掌握以下几个方面的技巧：

一是掌握好锤制的时间。白银熔化成银液之后，倒入铁槽内让其冷却。冷却后的银液即成为银条、银块或银坨。下一道工序就是将这些银条锤打成银片，锤打的时间一定要掌握好。时间早了，银条还没有冷却，这时锤打其硬度和质量不能保证；如使银条冷却的时间太久了，这时锤打就比较困难，很难打制成银片。因此，掌握好时间是锤揲的重要方面。在银条冷却 5 分钟后，在 40° 至 50° 的温度间正是锤打的最好时间。

二是在锤打时掌握力量使用的轻重。力量使用过度就会将银条打碎，达不到锻制银片的目的和要求；而力量使用过轻，就不可能将银条锤打成银片，而使整个工序失败，从而变成了银器废品，使下一道工序不能顺利地进行。

三是锤打时要掌握好银片的厚度。银片太厚，对制作其他银饰造成困难，同时制作出来的银饰不能保证质量；如果银片太薄，在操作时容易破碎。因此，锤打银片的厚度大约在 0.5 毫米左右即可，在打造制作银饰时容易操作，以保证银饰品锻制的质量。

三、模具制作技艺

模具制作是银饰品打造制作的首要工艺。因为，在苗族银饰品中，银饰品各种各样，大小不同，形式多达百余种。这些不同形式的银饰品都是通过模具锻制出来的。因此，银饰模具制造也是一项极其复杂而又艰苦的工程。大大小小上百种模具都是银匠师亲自动手制作出来的，其制作时应该掌握好以下几个方面的工艺技巧：

一是模具制作的材料选择。银饰模具制作的原材料主要有锡、黄铜、铁、铅几种，也有少量的木质模具。在选择这些原材料时，主要要注意其质量，包括金属的光泽、硬度和纯洁度，为打造模具时打下基础。原材料选择好了之后，打造模具时工作就比较顺利通畅，少走许多弯路。同时打造出来的模具既能保证数量，更能保证质量，为下一步银饰制作创造良好的条件。

二是银饰模具制作首先要周密思考，制订出精确的计划。银饰模具制作是一项艰巨而又复杂的工作，制作前要全面地考虑，制订出一套完整的方案。例如：对于大中小各种模具的设计，对于各种各样图案的设计，银匠师必须有一套极精确而又完整的方案。这样，在制作时就会心中有数，不是无的放矢，而取得事半功倍的效果。

三是银饰模具制作要掌握好精确的雕刻工艺。苗族银饰模具的种类很多，其种类有飞禽走兽、花鸟虫鱼、日月星辰，还有一些祝福吉祥、花好月圆、福禄寿喜等文字纹样图案。这些纹样图案都必须在模具板上一钻一锤雕刻出来，其工艺特别复杂，不是一朝一夕可以做好的。例如制作一块凤凰的模具就十分复杂，十分精细。凤凰的构图、凤凰的造型、凤凰的羽毛等极其精细，如果没有高超的雕刻技艺，是不能完成如此艰巨的任务的。还有龙形图案、花草图案、鸟兽图案，样样都是精美的纹样，制作时既费力、费神又费财。它是一项工艺水平极其高超的制造技术。银饰模具不仅种类繁多，而且其形式风格也是多种多样的。从模具的造型来看，有正方形的、长方形的、圆形的、椭圆形的、菱形的、三角形的等；从模具的构造来看，有平行的、凹形的、凸形的、弯曲形的，还有多图案的、多纹样的以及综合造型的等。在制作这些模具时，要花费银匠师大量的精力和心血，这是银匠师技艺高超的个人独创作品。

四是银饰模具制作要掌握好不同图案雕刻的技艺。银饰模具制作要掌握好雕刻的工艺技巧，在对待不同的图案时，应适时地运用和掌握好不同的手法和技巧。银饰的各种模具有大有小，有粗有细，有轻有重，也有硬度和软度的区别。因此，在雕刻图案时，就不能完全使用同一方法和技巧，必须要根据图案的大小不同和图案种类构造的不同，视物而定，视图而行，采取多变的雕刻技艺和方法，才不至于使模具图案千篇一律。例如，在雕刻凤凰图案和蝴蝶图案时，前者复杂而又精细，后者比较简单而又粗放，因此，雕刻时在运用技巧时就截然不同：前者为精致细腻方法，讲究精致细密，必须要达到精密完整的程度，不能出纰漏；后者较为粗放，讲究流畅奔放、形象生动而具体逼真。因此，银饰模具的制作要视图案而行，依形式而制，不能千篇一律，这是银饰模具制作最重要、最严格的要求。

四、焊接技艺

苗族银饰品异彩纷呈，花枝招展，有很高的观赏价值和实用价值，是苗族服装装饰艺术的奇葩。很难想到，这些精致美观的艺术品实际上都是手工制作出来的。每一件饰品都是通过银饰匠精心构思打造出来的，其工艺程序十分复杂，特别是焊接工艺在银饰品的制作中极其重要。大件银饰品如银帽、花帽、接龙帽，需要许多银饰部件组装而成。苗族银饰匠通过原始的手工操作，把一件件不同种类的银饰部件焊接在银帽、银花帽及接龙帽上面，灵巧地组装成一件件精致的银饰品，可见其技艺的高超娴熟。焊接工艺精细而又缜密，需要掌握好以下几个要点：一是掌握好吹气的力度。苗族银饰焊接不能使用电焊技术，而是使用原始而古老的吹气焊接。银匠师使用的煤油壶上面装有一个三寸长的壶嘴，吹气时保持火点烧，银匠师用嘴吹气，把银饰品一件一件地在帽架上焊接完，即成一件完整而又精致的银饰品。在用嘴吹气时，吹气要均匀连贯，时强时弱，断断续续，会达不到熔化银饰品部件的温度，以至于无法把银饰部件焊接好，造成不必要的损失和浪费。二是要掌握好焊接的技术，这是极其重要的。因为，要把数十件或百余件银饰零件组装在大型银饰品上，其技术掌握不好就无法完成焊接任务。况且需要焊接的银饰部件都是十分精巧的，如凤凰图案、龙形图案、梅花、牡丹花、蝴蝶、蝙蝠、茶花纹图案，都是十分轻薄而又精致的，稍不留意就会造成这些精致细小部件的破裂和损毁。因此，在焊接时银匠师必须细致耐心，小心翼翼地将其焊接到应设的部位，这就需要技艺纯熟，才能顺利地完成焊接组装任务。三是在焊接时要做好精巧的设计，做到有的放矢，心中有数，以免

▲图3-51　焊接

焊接组装有误。如焊接一顶接龙帽时，有大小部件上百种，哪一件应焊接在什么部位，哪种图案需要先焊接，哪种零件需要后焊接，银匠师首先要全盘考虑好，然后按照首先设计的图样，按照大小先后顺序进行组装焊接，才会顺畅而又圆满地完成饰品制作，达到令人满意的目的。一顶异彩纷呈、精致美丽的银花帽，就是通过银匠师灵巧的双手和娴熟高超的焊接技艺，才成为一件极其珍贵的银饰品的。

五、炸珠技艺

在苗族大件或小件的银饰品中，有许多大大小小的银珠联缀在上面,灿若星辰,艳如彩霞,这就是通过炸珠工艺而制作出来的装饰部件。炸珠不仅是银饰制作不可缺少的工艺品，同时也是银饰品装饰中重要的部件与原料。银珠本身体积不大，但也分为大、中、小三种，大的如拇指一般大，中型的如小指头一般大，最小的如黄豆一般大。这些大中小不同型号的银珠又是怎样制作出来的呢? 当然是通过炸珠而制作出来的。所谓炸珠就是将银液倒在清水中使其冷却后，变成一粒粒大小不同的珠子，其工艺技巧应掌握以下三个方面：

一是掌握好银熔化的温度。白银的熔解度在 906.8℃，在炉中冶炼时，银匠师要掌握好火候，如温度过高，白银就会化成灰烬；如温度过低又达不到熔化的目的，故温度不能太高，也不能太低，要恰到好处地让银子在 906.8℃的沸点熔化，这就全靠操作者的观察力，故而银匠师在操作时要聚精会神，不能疏忽大意。

二是要掌握倾倒银液的技术。当银熔化之后，操作者应立即将银液从火炉中取出来，并立即将其倒在首先准备好的清水盆中。在倒银液时，不能一下子把它全部倒在水中，这样一来，银液在水中不能爆炸开来，只能成为大圆珠式的或大厚块的成品，炸珠也就达不到目的，使银液成为废品。只有在倾倒银液时，慢慢地均匀地将其倒在清水中，这样，银液在清水中遇冷后，就会分裂爆炸成大小不同的圆珠子，这样，炸珠的目的就达到了。

三是要掌握好对炸珠的处理和修理技艺。炸珠成功后，银珠在水中变成大大小小不同的珠子，同时其珠子也不是规范整齐划一的圆珠，有的呈圆形，有的呈椭圆形，有的呈方形，有的呈菱形。对这些不同形状的珠子要进行加工处理，主要是对珠子进行全面筛选，把呈圆的大小珠子放一边，把呈半圆形的珠子修理成圆形的，同时，也要把其他形状的——加工修理成圆形的。银珠按选定方案修理成形后，银匠师还要将选好的这些大中小银珠子进行洗涤，将污垢洗尽，使其成为一颗颗银光闪闪的银珠子。

六、抽丝技艺

抽丝又叫搞丝，在银饰制作中是一项极其重要而又复杂的工艺。因为，在大、中、小件银饰品的制作中，许多纹样图案都是需要细微的银丝串连联缀而成的，这些细微的银丝就是通过将银条抽成一根根大小不同的银丝而得来的。将银条抽成细丝是一件艰巨而又极需耐心的工艺，主要应掌握好以下几个方面的工艺技术：

第一，掌握好制作银条的技艺。要制作银丝必须首先将白银制作成银条，银条制作好后，才能将银条抽成一根根细微的银丝。银条制作时，首先要将白银原料投在炉火中进行熔化，白银熔化后，银匠师将银液倒在铁槽里，冷却后即成又粗又大的银条。这时，银匠师必须趁着银条还未完全冷却，将其放在铁砧上用力捶打，打成直径为一厘米左右的小银条。银条打成后，要通过明矾水洗净，然后进行抽丝。

第二，掌握好抽丝的技艺。银丝有大、中、小几种类型，要抽成不同型号的银丝是通过几种不同类型的抽丝铁板而成的。银丝越大，花费的工夫和时间就越少。银丝越细越小，那么花费的工夫和时间就越多。在进行抽丝时，一定要掌握好力度和速度。力度是指在抽丝时使用的力气要均匀平等，既不能用力过猛，也不要太轻。力量过猛银丝就会碎断，力量过轻抽出的银丝不均匀，达不到制作的目的。抽丝时速度要恰到好处。速度过快抽的银丝不均匀，同时还会将丝弄断，速度太慢银丝又抽不出。因此，在抽丝时掌握好力度和速度至关重要。

第三，掌握好对银丝的加工修理技艺。银丝抽成后，还要对银丝进行加工修理。因为不管怎么样用力用时，抽出的银丝还不能保证根根符合要求，因此还要进行最后的加工和修理。一是将银丝进行修理，部分达不到要求的要去掉。二是对抽出的银丝粗细要分门别类，进行筛选，去劣存精。三是要将选择好符合标准的银丝进行最后洗涤，除去污垢和残渣，以致得到真正令人满意的银丝成品。

七、镌刻技艺

镌刻技艺是苗族银饰品制作中极为精细而又高超的技艺。苗族银饰中有很多饰品的纹样图案是通过匠师一刀一刀地镌刻出来的。在薄而又较小的银饰品中，要镌刻出一些细小的图案是十分困难的。因此，在对银饰品进行镌刻时，必须要掌握好以下几个方面的技艺：

第一，掌握好熟练的镌刻技艺。在银饰品上面镌刻出各种各样的花纹图案，必须要有高度的镌刻技术，没有一定的文化知识和一定的镌刻技术，是不能胜任此项技术含量很高的工作的。在银饰品上镌刻各种各样的花纹图案，既要有耐心，更要有技术。例如，在苗族妇女佩戴的银饰中，在上面镌刻出龙凤图案和雀鸟图案等，都是要求高、难度大的技术。特别是龙凤图案的镌刻，难度大，要求严，稍不留意就会使图案毁坏而使饰品成了废品，所以镌刻至关重要。银匠师只有熟练掌握好镌刻技艺，通过灵巧的手，才可以镌刻出栩栩如生、异彩纷呈的纹样图案来。

第二，掌握好一定的绘画技艺。在银饰品上面镌刻各种各样的纹样图案，银匠师必须有一定的绘画技艺。如所镌刻的凤凰、龙形、花鸟、鱼虾等图案，首先就要绘制出这些种类的平面图画。在银饰品上绘画出各种各样的画图清样，是要有较高的绘画艺术的。一般来说，每个银匠师都是一个民间绘画能手，他们绘画出来的造型，民族民间风味十分浓厚，通过镌刻之后，银饰品上就会呈现出凤凰、龙形、花鸟虫鱼等栩栩如生的造型，使银饰品更具有艺术魅力，更显奇异风采。

第三，要有辨别优劣识别真假的知识。银饰品不

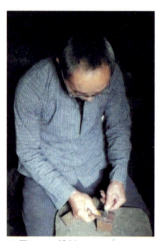

▲图3-52　镌刻

是清一色的精品良品，也有好坏优劣之分，这就要求银匠师在进行镌刻的过程中，辨别优劣，识别真假。一般说来，好的银饰品质地优良，纯洁精美，镌刻出来的各种花纹图案也就显得十分清晰。如果银饰品的质量是次品而掺和白铜的成分过多，那么镌刻出来的花纹图案就显得模糊不清，这明显一看就是次品或劣等品。因此，银匠师既要有镌刻的技艺，同时也要有辨别真假的能力。

八、镂空技艺

镂空技艺在苗族银饰制作中是一种常见的技艺。所谓镂空就是把银饰品上设计的纹样图案通过镂空技艺，将其多余的部分除掉，凸现出真正的纹样图案来。镂空技艺也叫透雕，苗族银饰品很多部件都需要进行镂空，纹样才显得更清晰、更具体，立体性和直观性更加强烈。如在苗族银饰品中的长命富贵蝴蝶纹挂链锁、戏剧人物长命锁、麒麟送子挂链、三星高照挂牌、和合二仙挂件、双凤朝阳双龙抢宝挂链，上面的纹样图案，都是通过镂空的技艺才显现出来的。镂空的技艺在银饰品制作中是不可缺少的技艺，也是要求极严格而技术性很高的打制技艺。应从以下两个方面掌握技艺的要领。

第一，要掌握好镂空技艺的刀法使用。镂空的工具是刀和钻凿，在镂空时极其重要的是熟练地掌握刀法的使用。首先是握刀法。握刀法有直接握、斜握、偏握、正握、举握和双握等多种方法，掌握好这些刀法，工作起来就会顺利通畅，少走弯路。其次是使用和运用刀法。镂空有阴刻和阳刻两种，刀法有纵铲刀、平刀等十多种，在使用这些刀法时不是按照固定的模式，而是要求银饰匠师在进行镂空的实际工作中，灵活运用，看清纹样图案定格，只有灵活多变地把各种方式的刀法用活、用灵、用全，这样才能达到镂空真实的效果。

第二，要掌握好镂空技艺的技法和要领。镂空技艺是一门技艺精湛而要求特别严格的技术。镂空的技法主要有锉、刻、钻、削、切、挖、剥、铲等。苗族银饰镂空技艺技法属于阳刻，一般纹样十分明显，其银片上的装饰图案都是由模具锻制而成，在进行镂空时主要按照纹样的构图进行雕刻。锉法就是用锉刀将纹样图案周围多余的部分锉除掉，留下较大的空间，凸显出纹样的图案。刻法是苗族工艺品制作一种普遍使用的方法，即将锉刀在银饰表面的纹样中，用阳刻的方法对银饰进行加工处理。例如，打制一把戏剧人物长命富贵锁，上面出现的戏剧人物有《西厢待月》、《梁祝楼台会》、《白娘子与许仙》、《牛郎织女》等戏剧里的人物图像，要花费很多工时，才能把人物图像雕刻出来。这种雕刻多采取阳刻法，但也有用阴刻法的。钻法在苗族银饰品中也是经常使用的方法。银饰上面浇铸或打模的纹样种类不同，有凸型的，有凹型的，有平面型的，也有其他形状的，不管什么形状，上面的纹样图案特别是一些多层次的纹样，都必须通过钻刻的方法，方能达到其工艺的效果。削法是指在镂空的银饰品中，用锉刀将其多余的部分削去，保持饰品的完整。一些银饰品在打模或浇铸中，很多纹样的图案都是相互联贯在一起的，这就必须使用切法将其切开。切法是经常要用到的一种技艺。

在银饰品的制作和打造过程中，还有控空法、剥落法、铲除法等技法技艺。总之，银饰的镂空技艺是一道十分精湛而又繁杂的技艺，它有数十种技法技巧，既费时费神，又讲究技术性，它是苗族银饰打造和制作的传统工艺之一。

第三，要掌握好剪裁和修理技艺。剪裁和修理技艺是银饰制作的最后一道工序，也是一种必不可少的技艺。苗族银饰种类繁多，内容丰富多彩，可分为大、中、小三类。不管是大件还是小件银饰品，它都是由大大小小数百件银饰部件结构组成的。如银帽、银花帽和接龙帽等。组成一顶银花帽就需要数百个小部件组装而成，特别是一些小件银饰品部件，都要通过剪裁后才能定型。如凤凰纹样图案、梅花纹样图案、蝴蝶图案、蝙蝠图案等，都是需要银匠师通过剪裁后才能定型。银匠师把多只或多个连在一起的凤凰、蝴蝶、蝙蝠、蜜蜂等图案剪裁下来，成为一只只独立的纹样部件，然后在组装时又把它们焊接在银帽上。剪裁技艺关键是掌握好剪刀的使用方法，做到仔细、认真、严格、耐心，是一点马虎不得的。银匠师将需要剪裁下来的部件剪裁好后，还要对这些小部件进行修理清洗，除掉一些污垢和灰尘，保持银饰品的高度洁净和纯正，使其成为珍品或精品，提高其收藏和市场的出售价值。

银饰品锻制的传统技艺除上述多种常见的技艺外，还有点翠、编织、盘、码、拱等多种技法。就是通过这多种多样传统的锻制技艺，才使制作出来的银饰品精巧无比，华丽多姿。

第五节　湘西苗族银饰的种类

银饰的种类按照其使用的方式和价值不同，可分为服装银饰、生活使用银饰、观赏银饰、食用器具银饰等多种。服装银饰主要用于苗族男女，以女性为主。其他几种银饰在苗族、土家族及其他民族都有使用。现择其要点分别叙述如下。

一、苗族服装的银饰品

苗族是一个聪明善良的民族，银饰是他们的古老传统习俗。苗族妇女的穿着服装最讲究华贵装饰，充分显示她们美丽善良的品德。湘西苗族服饰的银饰，可分为头饰、颈饰、肩饰、胸饰、腰饰、手饰、脚饰等，有部分苗族人还有面饰。

头饰：专指头部的装饰，其饰品主要有银帽、银花帽、接龙帽、苏山、插花、发髻、额罩冠等。在这些饰品中，以银帽、花帽、接龙帽为大件饰品，其他为中件或小件饰品。从其价值含量来看，头饰的银饰品在全身的银饰品中最为贵重，一件头银饰品其价格可达 2 万多元。

颈饰：颈的部位由于面积小，空间狭窄，因此，装饰的银饰品也十分有限，其饰品主要是银项圈。银项圈可分为绳圈、绞圈、扁圈、盘圈、双股圈几种。苗族妇女和苗族姑娘都喜爱在颈上佩戴项圈，显示她们的美丽，昭示她们的富有。佩戴银项圈时以一根为基础，可以戴一根、二根、三根或者四五根，多的可达七根、八根或九根，甚至是十根以上。

肩饰：肩饰就是肩上的银饰品。肩部的银饰品主要有银披肩、银云锦网带、护肩银链。银披肩是一种

▲图3-53　头饰

▲图3-54　银项圈

▲图3-55　银披肩

综合性的饰品。一件银披肩大大小小由数十件或百余件的银饰小部件组成，它们包括有银铃、银葫芦、银珠子、银链子、银花板、银唢呐、银佩等。银披肩一般宽为一尺到一尺五寸，长为三尺到四尺，是苗族银饰品中不可少也不可代替的银饰品。

胸饰：胸饰指胸部的银饰品，主要有银胸佩、银串珠、银挂扣、银锁、银针筒等，还有小件银饰品，如银刀、银矛、银剑、银鞭、银箭、银牙钎、挖耳匙、银戟等。胸部这些银饰品多为小件，但含意深刻，文化内涵极其深厚，是苗族银饰品绝对不可缺少的饰品。

腰饰：腰饰指佩戴在腰部的银饰品，主要有银腰链、银腰带、银腰绳。以腰链为主。腰链有双层、四层、六层之分。层度越厚，腰链越重，需要的银珠子和串圈越多。一般的双层银链需要上千个小银珠和串圈编织而成，如果四层、五层或六层的银链子，需要的银珠子和银串圈就得要几百个乃至上千个。这些银链都是靠银匠师用手工操作一颗一颗地编织串缀起来，可见其工作是多么艰苦与复杂。

腿饰：腿饰是腿部方面的银饰品，使用一般以男性为最多，女性也有，但现在极为少见。腿部银饰主要是指网状银饰佩，多用银珠、银丝、银铃、草编织而成，长约三尺至三尺五寸，宽约三尺五寸，有些是根据其身体围腰大小而定制。腿饰也叫作腿彩，位置在肚脐下部即大腿及腔部的接合处。如女性佩戴腿饰后，那么腰饰和胸饰就必须减少，主要突显出主件装饰品，独具风韵魅力。

银饰的部位除上述各种形式以外，还有脚饰、面饰、耳饰等。脚饰主要是指脚部的脚圈和脚铃，一般用于男性和幼童小孩。耳饰除耳环外还有吊环、吊圈、吊铃等。面饰即银饰罩，形为网状，主要由细小的银珠、银圈、银丝组成，戴在面上一为装饰，二为遮羞，三是更显其华丽无比，突现妖媚妖艳。

▲图3-56　银胸针

▲图3-57　胸饰

▲图3-58　银腰链

二、日常生活方面的银饰品

苗族银饰品主要以苗族女性服装饰品为主要内容。除此以外，还有其他方面的银饰品，如生产生活中的银饰品。此类的银饰品主要有银盆、银壶、银盒、银杯、银斗、银针、银钩、银盘、银桶等，这类银饰品多为大件或中等的饰品。其制作工艺十分讲究，器物上面多刻有各种拼纹花纹。刻在器皿上面的花纹，做工精细，有极高的实用价值和观赏价值。因为这类银饰是奢侈品，一般富有人家或官宦人家才会使用，而苗族广大贫寒人家就没有这类生活日用品。

▲图3-59　苗银茶壶

三、餐饮方面的银饰品

餐饮方面也有多种形式的银饰品，主要包括银碗、银筷子、银调羹、银瓢、银食盒、银锅、银饭勺、银锅铲、银茶杯等。这些银饰品主要作用是作餐饮方面的装饰品。它们属于消费中的装饰品，除银碗、银食盒、银瓢等外均为小件饰品。这类饰品同样制作工艺十分讲究，大件和小件饰品上均镌刻有各种花纹图案，是银饰品中重要的组成部分。因为这些是属于餐饮消费方面的银饰器物，故在贫寒苗族的家中基本上没有使用，仅在苗族大富官宦人家普遍使用。

▲图3-60　苗银碗

四、装饰与观赏方面的银饰品

湘西苗族银饰品的起源较早，大约在唐朝天宝初年（742—748）左右传入武陵地区，盛于明清两朝代。明朝统治时期，政权比较巩固，虽然边疆兵患不断，但相对还是比较安定。银饰的起源，初时供官宦富裕人家装饰和观赏，渐渐地流入民间，成为苗族百姓服装的装饰品。从银饰器物发展的总体来说，在民间流传的装饰及观赏银饰品要比服装银饰品种类多得多。因为，服饰银饰品只限于在服装上面的使用，它的使用空间和范畴受到很大的局限，而观赏和装饰银饰品不仅种类繁多，而且使用和流行的面十分广泛。明清的官员最讲究攀比，最讲究地位的高低，讲究家庭的富有辉煌，他们生活极度腐化，消费极为高档，因此在当时使用银饰品被称为一种时髦，故银饰品的观赏和收藏在那时达到高潮。特别是对于观赏收藏的银饰品，讲究精品、珍品。官员之间相互攀比，使银饰品的发展达到了高潮。同时流传下来的观赏银饰品，有很多精品、珍品乃至极品，为我国的文化宝库增添了无穷的魅力和光彩。现选几件加以介绍。

双鸟衔杯纹皮囊式银壶，高 20 公分，宽 15 公分。银壶造型仿北方草原少数民族使用的皮囊，美观大方，造型逼真形象。具有很高的观赏价值。

鎏金银八角杯，以锤揲和錾刻的方法，在八角形的盘口内，表现了一幅园林图景。楼阁亭榭，奇花异草，形象生动逼真，制作工艺十分精湛，有很高的观赏价值和收藏价值。

凸花金鹿故事银钵，高一尺二寸，直径宽三十公分，均为镂空雕花技艺，制作精良，有很高的观赏价值和收藏价值。

其他观赏银饰品还有银花镜、银龙头、银鎏金狮子饰品、鎏金双狮纹银盒、银梅花纹头簪等。观赏收藏的银饰品不仅种类繁多，而且内容广博，是银饰品的集大成者，一枝独秀，它与其他珠宝观赏品一样，是中华珠宝中的瑰宝。

第六节　湘西苗族银饰的表现形式

苗族银饰是聪明的苗族劳动人民，在长期的生产劳动中创造发明的独特的民间手工艺品。根据一些史书大量的记载和实地考察，苗族银首饰种类繁多，精湛美观，约有数百种。苗族银首饰品种多种多样，但根据佩戴和使用的情况来看，大致可分为三大类，即大件、中件、小件。

一、大件银饰

大件银饰工艺精湛，工序复杂，成品美观。其品种主要有银冠、银凤冠、大花帽、空花手镯、银线编织手镯、发佩等。这类银饰制作复杂，工艺流程长，工序较多，花式很多。

1. 银冠

又叫银凤冠或接龙帽，苗语叫"纠"，也有的地区叫"本信"。制作一件银凤冠要用银子三十至五十两，手工十分复杂。制成一顶凤冠，一般需要五天时间。制作时先要把制作的银两称足数，然后把银两分期分批在火炉内提炼熔化成银液，再将银液倒在长条形手拿的铁槽里，冷却后就成一根根银条，然后将银条打压成一块块薄银片，部分抽成银丝。薄银片制作成后，根据银冠的结构花色及品种的需要，又将薄银片在铁模具或铅模具里，制成龙、凤、虫、鱼、蝴蝶、雀鸟、花等各种小件饰品。银凤冠所需要的各种饰件制成后，就可以从事银凤冠的全面制作组装了。

银凤冠制作的工艺流程顺序是：先用约三毫米

▲图3-61　麻阳苗家妹　老汪/摄

的银丝作骨架，再将上百小件的银花簇缠满在铁丝架之上作为帽顶，然后再将帽的周围缠上钻花的银片，下缘缀上数十枚有银链系着的银坠，银坠覆盖在额眉、耳朵之上，这是一种制作法。另一种银凤冠的制作方法是，将先制作好了的银花、银泡等缠缀在无顶帽周围，夹层插以五束银花簇。花簇的构造，是在银簪的外端，焊接30多根长短不一的银签，每根签顶都焊接一朵精致的银花，髻后插一把木梳，木梳背后焊接一块薄银片，外围缀满银坠，只留梳长。髻上插一只银凤和一副银角。银凤以模型压成凤身，以精钻花纹的薄银镶合为凤的身，另将薄银片剪作尾、翼焊接于凤身。尾羽为身长的数倍。银角是用薄银片制成，上面精钻双龙戏珠。龙的双角之间另插精钻花纹的"银扇"与银角配合，但不能单独佩戴。这种银饰在凤凰县的山江、腊尔山、禾库、阿拉等地区广泛流行。

2. 银帽

又称大花帽，工艺流程复杂，需要工时多，需用银子四十至五十两。银帽制作方法是：先用厚块布壳制成帽坯，上面钉上九块薄银片。薄银片钉成后，银匠师傅就将先已制作好的昆虫、鱼类、鸟雀、兽类、牡丹、芍药、菊花、桂花等图形，焊接或连缀于银丝上面，构造连缀成一朵朵银花，满植在帽子上面，行走之时，摇颤晃动，栩栩如生，势若要走欲飞之状。另外，在银皮上面，有镀金、有着彩，闪烁辉煌，美观悦目。在帽顶上面，植银质长羽一对，有的插一支伞状的颤动银花束。帽沿有二龙抢宝或其他花纹。前边，吊以飞蝶花苞，用水银泡子连成网状，悬吊约四寸长，直到眉额止。在银花帽后面，同样将已制作好了的虫、鱼、鸟、兽、花藤各类成品图形，层层连缀，约二尺长，悬吊齐花边，真是精湛美观，异彩纷呈。

▲图3-62　银帽

3. 空心花银手镯

空心花银手镯的制作不太复杂，比起银冠和银帽制作的工艺程序就要简单得多了。空心花银手镯制作需要银子料一斤至一斤二两。制作时，先用银丝制作小花瓣，焊接若干花瓣合在一起成团花；之后，再将若干团花焊接在一起成为花簇；再用薄银片制作手指大的小盅，盅的外底焊一小银珠如乳头状，将四根银签弯成手镯样；最后，再将花簇、银盅覆于银钎上面，焊接成为手镯即成。

4. 银线编织手镯

银线编织手镯比空心花银手镯的制作程序更为简单些，因为它是实心的，不是空心的。制作银线纺织手镯大约需要银子半斤或八两。制作时，先用细银丝三或四根绞成银线，再将其编为六棱手镯。花纹呈现正倒相叠的"人"字形，中空。苗族银饰手镯又可叫作臂环。手镯的品种形式多种多样，有实心的，有空心的，有扭丝的，有扇圈的等。各种钻花花瓣有二十多种。因此，其制作方法也是多种多样，有打圆的，也有打方形的，无论打法怎么样，都要在手镯上面焊接镶嵌上各种美观的钻花，让人观赏，显示富丽。苗族男女都喜欢戴手镯，妇女更甚，手镯是她们主要的银饰装饰品。戴手镯时，一般来说是一只手戴一只，多的一只手戴三四只不等。不管怎么戴，但两手所戴的手镯必须是同等的。

▲图3-63 空心花银手镯

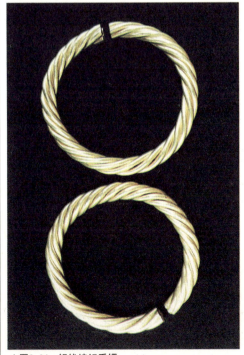

▲图3-64 银线编织手镯

5. 银绳

银绳又叫银链或银系链。制作时，先用极细银丝编作四棱，每根棱面宽约一分，花纹呈正倒"人"字形，长约一丈五尺至两丈，性质较为柔软。银绳用于挽在髻外，使发髻能承受银角。以银绳绾髻，在明清时代广泛流行于凤凰腊尔山、山江、阿拉等苗族地区。如今以银绳绾髻这一习俗在凤凰一带慢慢消失，仅在凤凰苗族边远落后地区还时有发现。

6. 大型精致银披肩

在苗族妇女的银饰品中，大型精编银披肩是银饰品中最大的饰品。制作一件大型精编银饰披肩，需要花白银四至五斤，价格昂贵。因此，在一般较为贫寒的苗家从不佩戴大型精编银披肩，只有少数富有官宦人家才能佩戴。银饰大披肩宽约三尺，长约二尺

▲图3-65　披肩

五寸。大银饰披肩做工精细，由蝴蝶纹样图案、蜜蜂纹样图案、金鱼纹样图案、双凤朝阳纹样图案、双龙抢宝纹样图案以及各种花草纹样图案大大小小百余件银饰小件组成。制作时，先将大披肩整体构图设计好，并将大小各种零乱部件清理好。动手制作时，银匠师按照先后顺序，一件一件地将各种小部件采取串连、联袂、焊接等方法进行编织制作。花费时间大约五个月或者半年以上才能制成。由于需要的银两多，花费的工时比较长，因此，精致编织大银披肩尤为显得价钱十分昂贵。也因为造价特别高，大银披肩生产量较为稀少，成为银饰中的珍品和极品。

7. 长命富贵银锁

长命富贵银锁是苗族妇女最喜爱的银饰品，打造制作时需花白银半斤至八两。长命富贵银饰品主要是佩戴在胸前的装饰品，一般是佩戴一把，有些也佩戴两把或三把，视家庭贫富而定。制作长命富贵锁一般需花费一天半到两天时间。制作时先将白银在火炉内进行熔化。熔化成银液时将银液倒进首先制成的模具里，冷却后，将模具拆开，即得成品。长命富贵银锁器物上的各种图案纹样，均为镂空雕刻纹样图案，制作十分精美漂亮，观赏价值和收藏价值都很高。

长命富贵是苗族人民祖祖辈辈追求的理想。苗族信奉鬼神，更信奉命运。他们认为福有五种，最为重要的就是长命与富贵。《新唐书·姚崇传》曰："经云：求长命得长命，求富贵得富贵。"因此，很多苗族儿童一出生，就给他（她）在脖子上挂上如意么头形的链锁，锁的中间刻有最为醒目的"长命富贵"四个大字。在银锁边饰有各种吉祥图像，如鲤鱼跳龙门、双凤朝阳、双龙抢宝、喜鹊噪梅等。在苗族地区，只要稍有一点家产的人家，都会制作一把银锁挂在孩子的颈上，而妇女和苗族姑娘，同样喜欢在胸前挂上一把精美漂亮的银锁。

▲图3-66　长命富贵银锁

8. 麒麟送子挂件

麒麟送子银挂件是苗族妇女最喜欢佩戴的银饰品挂件。麒麟送子挂件大约宽二寸，长约一寸五厘，制作时需要白银五两至八两。在银块上镂空雕刻一只麒麟，麒麟背上坐着一个幼儿，沿边有花纹图案。在麒麟的下沿，悬吊有五只银铃铛，悬银铃铛的银线长三寸至四寸，制作精美，美丽漂亮。麒麟送子挂件，苗族妇女都喜欢佩戴，特别是初嫁的苗族少妇和待嫁的苗族姑娘，佩戴麒麟挂件十分普遍。

在苗族人民崇尚的物像中，麒麟是苗族人民心目

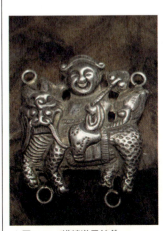

▲图3-67　麒麟送子挂件

中的祥瑞神兽，据说是岁星散开而生成的。它武而不为害，不践踏生灵，不折生草，且能送子送福送寿，祥瑞无比。苗族妇女喜欢佩戴它，意在多生贵子，多福多寿。在凤凰、龙、鱼、鸳鸯、蝙蝠等物像造型中，麒麟造型十分奇特，它的全身披有鳞甲，牛尾，狼蹄，龙头，独角，生得如此怪异，却一点也不凶狠吓人，是传递吉祥的象征。在《圣迹图》一书中说：孔子生，麟吐玉书，意指太平盛世降临。后人有"麒麟送子"的说法，寓意麒麟送来的童子长大后必是贤良之臣，能成为治国栋梁之才。这是苗族人民对物像最好理念的崇尚。

9. 和合二仙银挂件

在苗族妇女的银饰挂件中，有一种银挂件叫和合二仙。和合二仙银挂件长二至三寸，宽二寸，呈菱形图样。制作时需花白银半斤及至八两。在菱形的银块上，镂刻有和合二仙的图像，四周有云纹图样。在银挂下沿，悬吊有五个石榴形的银铃，悬吊银石榴的银绳长约三至四寸，使悬挂在妇女胸前的和合二仙挂件走动时发出叮叮当当的响声。

和合二仙在苗族人民的心目中被视为团圆神和嘉庆之神，他们源出于唐代的二位高僧，一个名叫寒山，一个名叫拾得，在清朝雍正皇帝时封寒山为"和圣"，"拾得"为"合圣"，统称"和合二仙"，也称"和合二圣"。寒山手捧一盒，拾得手执一荷，"盒"、"荷"谐音即为"和合"，有同心和睦、迎福纳祥之意，因此，在民间被奉为婚姻和合的喜神。特别是在苗族聚住的地区，男女之间自由交往产生爱恋之情时，喜欢用"和合二仙"的银饰相互交换，作为定情的信物。

10. 刘海戏金蟾银挂件

刘海戏金蟾银饰挂件，是苗族妇女最喜爱的银饰挂件之一。刘海戏金蟾银饰挂件重五两，制作时需白银五至八两。图像为在一块呈三角形的银块上，镶嵌镂空有一只金蟾，张开大嘴，蜷曲四肢，跃跃欲试，形象十分生动逼真。在金蟾的四周饰有动荡波纹和水波纹，下沿悬吊有四个石榴形银铃铛，由弯曲银丝缀吊，走动时发出叮叮当当的响声，悦耳动听。

▲图3-68　胸链

11. 银梅花链

　　银饰梅花链是手腕或胸前佩戴和悬挂的饰品。梅花链宽约二公分，长有三种类型，手腕戴的梅花链长六至七寸，腰间佩戴的则长三至四尺，如果作为胸前悬挂饰品，则长约一尺五寸至二尺。梅花链由银绳和梅花组成。制作一根梅花链需要白银八两至一斤，主要是链尾垂吊的两朵梅花需白银较多。梅花链是苗族妇女最爱的佩戴饰品之一，因为梅花不仅以清雅俊逸的风度让世人赞美，同时更以冰肌玉骨、凛寒留香被喻为民族精神的象征而为世人敬重。按照历史文献记载：梅花有"四德"之誉，即：初生为元，开花如享，结子为剩，成熟为贞。另外，梅花的结构有五瓣，象征着五福，即：快乐、幸福、长寿、顺利与和平。

12. 蝴蝶形戏曲人物项圈锁

　　蝴蝶形戏曲人物项圈锁，一般来说都是苗族少女和儿童佩戴的银饰品。造型为在一根银绳的前沿，悬吊着一只蝴蝶，蝴蝶两翼刻有众多功能戏曲人物，如《西厢记》《西游记》《梁山伯与祝英台》《牛郎织女》中人物等。制作一只蝴蝶形戏曲人物银项圈，需花白银半斤至八两。

蝴蝶形戏曲人物银项圈，做工精细，造型漂亮，它象征着欢乐喜庆、福寿绵长，是苗族妇女非常喜爱的银饰挂件。

13. 太阳纹镂空花顶盖

太阳纹镂空花顶盖是用于头顶上的银饰品，如银花帽上面就有太阳纹镂空花顶盖，开头为圆盘型，中间镶嵌一颗银珠子，在银珠周围用很薄很薄的银片构成星状，象征太阳的光芒四射。太阳纹镂空花顶盖直径为三寸，也有四五寸较大形的顶盖。太阳纹镂空花顶盖是用首先制作好的模具成型镂空而成，中心为太阳纹，四周有星星放射状的八根锥形纹饰构成图案的主干，其间的镂空疏密纹饰表现太阳的辐射波纹，形成了极强的动感。为使头饰装饰得更美观、更漂亮，太阳纹镂空花顶盖制作成后，要在上面镀上一层薄薄的金液，显得更加富丽堂皇。

14. 龙凤纹银角

龙凤纹银角是苗族银饰品的一种，由弧形银片及长条形银板组成，整体开头呈牛角形，是头饰中的一种类型。龙凤纹银角高一尺二寸，宽二尺。在弧形银片上錾刻镂空有双龙图案，两边弧形银片弯翘起，呈牛角状，牛角形银片中间镶嵌有四块银柱式的银片，每块银片上镶嵌有四只飞翔的凤凰图案，造型新颖别致，美观大方。整个龙凤纹银角制作成后，需花白银一斤，并镀上一层金液，呈金黄色，十分精致好看。在银角的下端添上两根银针，用于插在头上的发髻中或者前额的头发中。龙凤纹银角除龙、凤图案外，还饰有响铃蝴蝶，行走时一步三摇，多姿多彩，实为苗家银饰中的精品。龙凤纹银角系凤凰山江麻冲一带苗家妇女的饰品。苗家妇女和苗族姑娘每逢盛大节日和出嫁时，就要佩戴龙凤纹银角，显得婀娜多姿，美艳动人。

▲图3-69　龙凤纹银角

▲图3-70　长命富贵蝴蝶纹挂链锁

▲图3-71　三星高照挂牌

15. 长命富贵蝴蝶纹挂链锁

长命富贵蝴蝶纹挂链锁，是苗族各种类型挂链锁中的一种。挂链锁整体开头呈六方形，直径宽约三寸，底板为如意云头形，中间镶嵌有一根细银绳，以便系戴之用。锁的下端共钻有三个小孔，分别悬吊着三束银丝串，做工精细，美观大方。苗族是一个团结和睦的民族，他们崇尚生活安定、长命富贵、构建和谐的家庭及社会，这些崇尚观和理念观，多在苗族银饰中得到充分体现，同时，也是苗族古老的历史文化的浓缩与结晶。

16. 三星高照挂牌

三星高照挂牌呈长方形，长约三寸，宽约二寸，由一块银板镂空雕刻而成。三星高照挂牌制作精美，以一块长方形银片为底板，周边图案由凸出的莲花瓣排列而成。画面的中心部位镂空镶嵌有福、禄、寿三星，中间是赐福天官，手执如意，神态恬淡宁静；右为禄星，作员外打扮，头上插戴富贵牡丹花，怀抱婴儿，显得庄重严肃；寿星在左，即南极仙翁，广额白须，执杖捧桃，笑容可掬。苗家的意念里，三星分别象征幸福、官禄、长寿。苗寨有民谣曰：三星下界，苗家喜爱；天官赐福，人人幸福。三星高照挂牌，是苗族传统崇尚文化的具体化和人性化的体现，在苗民间广泛流行。三星人物造型别致，实感性和物感性很强烈，表情生动形象，动感性很强，是苗族银饰品中的精品。

17. 猴形挂件

猴形挂件是众多兽形挂件中的一种。猴形挂件呈长方形，高约三寸，宽约一寸五厘，是十二生肖挂件之一，造型古朴大方，结构十分严紧。造型为一只坐样猴子，前脚自然放在后脚的膝盖上，猴头上昂，猴嘴紧闭，一双猴眼睁得大大的，好像在观察四周情况，形象逼真，栩栩如生。按照苗家传统礼俗的尊崇，十二生肖在苗家的心目中有很重的分量，在制作这类挂件时，一般都是按照出生时的属相而打造。如，猴形挂件就是为猴年出生的人打制的佩戴之物。因此，在苗族妇女或小孩佩戴的挂件中，如果是猴形挂件，你一看就可以知道她（他）是猴年出生的。

18. 福寿挂件

顾名思义，福寿挂件就是为求福求寿制成的挂件。福寿挂件是六方菱形，宽约二寸，长约三寸，造型精致美观，构图新颖别致。福寿挂件以银片模具造型成福字为底，然后在福字上錾刻镂空成寿星和蝙蝠纹样图案。寿星下面镂空錾刻有一只梅花鹿，南极仙翁骑在梅花鹿上。使用寿星、蝙蝠、梅花鹿构成一幅祈福增寿的图案，充分显示了苗族银匠师技艺的高超。福寿挂件不仅在苗族妇女和苗家姑娘的银饰中普遍使用，同时苗族小孩和年轻人也同样佩戴使用。

19. 梅花福字挂件

梅花福字挂件是苗族银饰以文字为造型的一种饰件。饰件是正方形，上下左右宽约二寸。制作时以银片模具为基础，模具福字铸成后，在银片上镂空錾刻而成。福字有双钩边框，呈微凸状；福字的表面錾满图纹，衬托出饰在字形上的14朵梅花；梅花随意布置，疏密得体。这种文化内涵极其深刻，是银饰品中的精品。

▲图3-72　银挂件

二、中件银饰

这类银饰做工细致，种类繁多，流行面广，工序流程不如第一类复杂，制作技艺也略逊一筹。这类银饰成品常见的有：钻花空心手镯、胸牌、银花银链、泡花银项圈、吊铃钻花项链、银泡、银铃、银披肩花簇、钻花戒指等。

1. 钻花空心手镯

制作时用薄银片钻上细的花纹用作手镯的外环，再用一片不钻花纹用作内环，镶合焊接后，再形成手镯。

2. 胸牌

汉语叫作"压领"，是挂在胸前的银牌。胸牌的制作方法比较简单，将一块银片用模型压成花纹绉环，细钻花纹，在胸牌下方焊接许多银链，在每根银链的下面焊接银铃、银喇叭等若干小型银件。制作成功后，在银牌上沿焊接一根较粗且长的银链，装饰时可戴在脖子上。

3. 镶花银链

镶花银链一般是用来套在脖子上的围腰链。制作时，用多枚约一厘米见方的小银块，再用较细的银丝串联而成。所用小银块用模型压成花纹即公母铅形花模，又叫雌雄铅形花模，故小银片的两面都有花纹，小巧玲珑，美观大方。

4. 泡花项圈

制作泡花银项圈需银一斤或一斤二两。制作时先用数十根方形（每根宽约一分）的长银条各巡回纤成数十个圆圈，交叉互扣，即成长条泡花。最后将长条泡花纤成项圈，两端以细银丝缠牢，顶端做一个环和一个钩，佩戴时一扣即成。

5. 钻花系铃项圈

钻花系铃项圈较之泡花项圈工艺要复杂些。制作时，先将银片多块制作成项圈圆环，放在模子压成的二龙戏珠等花纹上，再钻龙的鳞、须、爪等纹样，使之清晰可辨。在项圈的前沿钻通十七个孔（可略多或略少，但一定要成单数），用短银链穿好即成。银链下还系有银铃、银花、银片等。

6. 银泡

银泡是衣上的主要饰件。银泡的形式有两种：第一种为大型银泡，制作时，用口杯大的圆银片在模型中压成盘龙等花纹，必须是镂空的。第二种为小银泡圆形，制作时将其压成钹形等。在两者的边缘都锥有银眼，钉于衣上即成。

7. 银铃

银铃为球形,如樱桃粒一般大。制作时,用两根薄银片制成半圆镶接而成球形,并在银铃内,放置一粒小铁沙,铃下开有衔口,上焊接小银链即成。银铃可单独缀于衣上,又可作其他大银饰的附件为其进行装饰。

8. 素银项圈

所谓素银项圈是指比较朴实的项圈,花纹图案较少些,故成本不高,价钱便宜,苗族妇女佩戴得最多。这种银项圈可分为三种类型,即轮圈、扁圈、盘圈。

轮圈:苗语叫作"果公银",是苗族妇女最爱的银饰品之一。银项圈有单根戴的,还有加上扁圈、盘圈戴的,是苗族银饰中的主要饰品。制作时一般需要银子十余两,大的需银二十两。最大的银项圈用银子五六十两,这是特号的银项圈。制轮的方法和程序是,先制成一条中间是四方体、两端是圆或扁状的毛坯,然后才绞成中央弯弯扭扭形状的圆圈,在其两端做一公母套钩,以便戴时相互钩在一起。在钩柄上绞有一二十道凸状银瓣,点缀形式美观大方,既有很高的观赏性,又有较高的艺术研究价值。

扁圈:扁圈制作需要银子十余两,与轮圈相比较,所用银子就少得多了。扁圈制作时首先由银匠师把银片打成扁形。数目要五匹,这是项圈制作中规定的数字。银匠师把圈心制成一根筋脉状,满钻花草在中间。在扁圈的两端,一样做成公母套钩。佩戴时,扁圈扣戴在颈后。刻花部位戴在胸前,两头小而中央大。凤凰腊尔山、麻冲、苏玛河一带十分流行戴扁圈。

盘圈:盘圈又叫作绳圈、股圈、绞圈,需要银子数两或十多两。盘圈的结构为三层,有打五匹一盘的,也有打七匹一盘的,匹匹有钻花,以增美观。为使其牢固耐用,在中间打一块银花板横压着,变成一盘,又用银丝紧紧绞着,以免松散,如同罗盘,因此叫作盘圈。盘圈的公母钩安在后面,要戴时相互扣上即可。在凤凰的山江、阿拉、腊尔山地区一带,戴盘圈的苗族妇女很多。这里,盘圈象征着妇女纯洁美丽的形象。

9. 银披肩花簇

银披肩又叫银云领席,是苗族盛装时不可缺少的银首饰饰件。将银披肩披罩在服装艳丽的大领肩围上,更显得绰约多姿。它不仅可将上身从颈项以下至腰胸以上部位遮盖住,而且可起到衬托修饰作用,将头饰、项饰自然地联在一起,浑然一体。在苗族群众中流行着这样一句熟语:"戴了银凤冠,不着银披肩,打扮得再美也不好看;戴了银项圈,再戴银披肩,生得再丑也好看。"可见银披肩在苗族妇女的银饰中占有极其重要的地位。银披肩如果说是装饰之用,倒不如说它是

作银饰的陪衬之用，起到串联、连接、融合美化的作用。几乎遍及全州所有苗族地区，在凤凰县境内的山江、腊尔山、阿拉、落潮井、麻冲等广大苗族地区尤为盛行。制作一件一般的银披肩需要银子两市斤之多，更为华丽的就需要银子更多。制作时，先用红缎作底，留领上直径六市寸，肩距五市寸。然后制成圆盘形坯模，再以花带镶边，中间嵌三道细花配衬好，再用八块梯形银片分别依次排列在底布上。每块银片上分别制有龙、凤、狮子、牡丹等轮纹，象征吉祥如意、美满幸福。然后，在花后边套上七个银圈，每圈再套两根银链，再用一个个小圆将四四方方的小银链套起，编成网状。长短不拘，少则两个，多则四个，互相衬成菱形银珠网。球网下吊两三寸长的银颈，分为两层，中间是小梅花，两边是小叶片菜。制作银披肩工艺流程虽然没有银帽、银凤冠复杂，但较其他银饰工艺要复杂得多。因为制作银披肩所需的小银饰配件，都要通过银模打压、抽丝、镶嵌、纺织、雕刻、剪裁、焊接、串连、联缀等二十多道工序而成，且形体过大过长过宽，因而工作量繁重。银披肩堪称银饰中的珍品。

10. 银挂扣

银挂扣是用银质梅花编成的链子，因此又叫作梅花大链，有的地方也叫作腰链或腰鞭等。制作方法是，先用银薄片编成数十或百余朵梅花，再将一朵朵梅花连成链子。梅花链子有四面梅和二面梅两种。什么叫作四面梅呢？即花朵的四面都有梅花，制一朵四面梅需要小朵梅花一百余朵，银子八九两。二面梅就是两面有梅花，另外两面用银圈连缀着。制作二面梅需要小梅花八九十朵，银圈百余个，银子五六两。在链子的两端，做成圆形或半圆形花片，里面安上挂钩，佩戴时挂在扣上。

▲图3-73　银披肩1

▲图3-74　银披肩2

悬在衣服衣襟的右边。挂扣的梅花链有独链和花链两种。所谓独链，是用独根梅花链子制成；所谓花链，是在梅花链的两端挂钩下方，加缀一两层花束，以便增加其美观大方。银挂扣与银披肩同样是银饰中的陪衬之饰件，但它是整个银饰不可缺少的一部分，不可分离，也是银饰饰件中极其有价值的装饰品。

11. 蝶恋花银钗

蝶恋花银钗又名花蝶银钗，是苗族多种银钗银簪之一，极富动感，又富有欣赏性和实用性。银钗长约八公分，宽约四公分，呈椭圆形。银钗的上端系有一根银绳，长约五公分，下端有银针三根，长约两寸，用于插在发髻之上，整个银钗长三寸。蝶恋花银钗造型美观，一只蝴蝶紧紧与花吻在一起，花瓣纹样鲜明形象，采用模具镶嵌镂空技艺制作而成，需花费白银一两五钱。

12. 龙首实心镯

龙首实心镯是苗族多种兽形银饰品之一。镯子由双龙连结，两只龙首高高昂起呈弯曲状。其制作采取模具打造技艺，龙鳞片和走边花纹运用錾刻技艺制作，精湛细腻，生动形象，系苗族银饰手镯的精品。龙首实心银镯制作需花费白银五两。由于制作技艺难度大，至今银匠师很少制作，故在民间流传特别罕见。

13. 寿字菊花结构银钗

寿字菊花结构银钗，长约三寸，宽四公分，表面呈淡黄色，上端有一寿字，四周"与"字花纹走边，中间有菊花纹样图案，下端呈扁圆形状，无装饰花纹。寿字菊花纹样银钗采用模具打制工艺，需花白银二两。打制成后，在其表面镀上一层薄金液，色彩呈现淡黄色，精致美观。

14. 福禄寿三星高照银簪

福禄寿三星高照银簪由福星、禄星、寿星三星纹样组合制作而成。银簪的头部呈椭圆形，上面镂空錾刻有三星图像。在苗族的祝福文化中，三星最受欢迎和喜爱，因为其文化内涵是福运临门、高官厚禄和延年益寿的象征。在苗族民间很多饰品中，三星图像广为流传，表达了苗族人民对美好生活的愿望和企盼。

15. 鎏金银簪

这种银簪形状为如意型，全长三寸，分为簪头和簪尾两部分。簪头呈八角形，簪尾为长条扁状形。簪头采取镂空錾刻技艺，纹样图案有鱼龙纹样，簪尾为扁条长方形，饰有鱼纹样图案。制作鎏金银簪时先用模具打制，后在空白银片上镂空錾刻花纹，制作成功后，在上面镀上一层金粉液，色彩呈淡黄色，艳丽无比，堪称精品。

16. 寿纹银簪

寿纹银簪长约二寸五至三寸，宽约三公分，是苗族妇女常佩戴的银饰品。寿纹银簪两端大，中间细小，呈双背向蛇头形状。寿纹采取模具打制而成，饰品精致美观，实用性强，是苗族妇女常使用的银簪。

17. 如意银簪

在作为苗族妇女头饰的银簪中，有数十种乃至上百种样式，它们的造型美观大方，文化内涵很深，多以吉祥如意、幸福美满及和谐善良立意。如意银簪是以朝廷大臣朝拜帝王手执的如意而取名。如意银簪由两部分组成，即如意头、如意把。如意头呈六方形，中镶刻有猫头纹样图案，四周镶刻有连缀的花纹图案。如意把长约二寸至二寸五，宽约一公分至一点五公分，尾端呈刀片状，便于插在发髻上。如意银簪是由模具打制而成的，经过加工后再镀上一层金液，美观好看。制作一把如意银簪需花白银二两。

18. 蝙蝠纹暗八仙银簪

蝙蝠纹暗八仙银簪是苗族妇女银簪中的精品，长约二寸五至三寸，宽约五公分。制作一把蝙蝠纹银簪需花白银三两。蝙蝠纹暗八仙银簪纹样图案由两部分组成，即一头为蝙蝠纹，尾部为暗八仙纹样图案。其银簪制作首先是用模具制作成扁形长方银簪初坯，然后在扁形银块上面镶刻镂空成蝙蝠和暗八仙的纹样，最后在制成的银簪上面镀上一层金液，银簪即成。

按照苗族民间吉祥如意的习俗，蝠与福谐音，所以在很古的时候，苗族人民就创造了蝙蝠奇趣的形象。蝙蝠生来并不美，但苗族人民的祖先用丰富的想象和变形移情的手法，把蝙蝠变得翅卷祥云，风度翩翩。在苗族很多饰品、剪纸及刺绣装饰品中，经过加工修饰，蝙蝠的形象是蝙身和蝠翅都盘曲自如，十分逗人喜爱。在我国的神话传说里，蝙蝠昼伏夜出，能识鬼魅藏身之地，飞随钟馗辅助捉鬼除魔。在苗族装饰品中蝙蝠的形象有两种：一种是蛰伏的蝙蝠，表达潜心静意，伺机而动；另一种常见的是飞翔的蝙蝠与云纹的组合形式，表达了人们企求幸福像蝙蝠一样自天而降的美好愿望。苗族妇女银饰上蝙蝠的形象是非常多的，可见在苗族人民的心目中，对把蝙蝠作为吉祥物的银首饰的喜爱程度。

19. 蛇头花纹弯曲银簪

蛇头花纹弯曲银簪长约三寸五公分，宽约三公分，中间小，呈弯曲状，两头大，呈蛇头状。制作一根蛇头形状的弯曲银簪需花白银三两。蛇头纹弯曲银簪由打制模铸造而成。上面的花纹是牡丹联袂纹样图案，均为錾刻镂空而成。打制成后，再在上面镀上一层金液，流光溢彩，美观好看。

20. 银手镯

银手镯是苗族妇女最喜爱佩戴的银饰品。银手镯种类也很多，有扁式的、绳图式的、空心筒式的、实心银圈式的，还有三棱式弯曲银手镯。众多的银手镯多数有花纹装饰，如扁式银手镯在上面装饰有花纹。菱形弯曲银手镯首先要制作出条形银块，然后用银条扭成弯曲状即成。

▲图3-75　银手镯

三、小件银饰

小件银饰工艺流程不复杂，较为简单，艺术性比起大件和中件银来就要差些。这类银饰需求量十分大，使用十分普遍。小件银饰价格便宜，一般贫寒人家都可以消费得起，因此，使用的人不分男女，上至七八十岁的阿翁阿婆，下至一两岁的幼童，人人都喜爱佩戴。这类银饰种类繁多，有手镯、指环、耳环、

▲图3-76　银戒指1

▲图3-77　银戒指2

▲图3-78　银耳垂

耳柱、银纽、围裙链子、牙钎、后尾、针筒、挖耳匙、银刀、银剑、银弓、银碗、银筷子、银环、银壶等。

1. 指环

指环又称戒指，是戴在手指上的银环。指环品种繁多，有细花的，有花藤的，式样有五连环的，有九连环的，有多达二十多连环的，制作手环需要的银子很少，制作工艺流程不复杂。因此，指环价廉物美，不管穷人富人都有佩戴，在湘西苗族地区普遍盛行。

2. 耳环

耳环是耳朵部位的装饰品，主要是银环一个，配以虫鱼、花卉图纹。耳环形状有半丝环、龙头环、桃环、虫环、花环等。耳环制作需要银子不多，贫寒家庭的妇女也可以戴。随着时代的不断发展，苗族人民的生活水平不断提高，装饰美的观念也随之不断更新，耳环制作的式样品种也越来越多，饰件越来越美观好看。除原有的银耳环品种外，现在还增加了单银饰吊垂瓜子坠、双皱链吊垂瓜子坠、多银链吊垂瓜子坠、银链吊梅花坠、银链吊荷花坠、银链吊兰花坠等新品种。耳环的市场需求量越来越大，其花色品种也不断创造更新。

3. 银纽

银纽是湘西一带苗族妇女所喜爱的银饰饰件。其式样有珠形、盘形两种。普通扣衣安单纽，但有些年轻少妇和姑娘，出于显示富有和美观好看的目的，在衣服安银纽的部位，有着五颗、七颗或更多银饰，但必须是奇数。银纽制作需要银子不多，工艺流程也很简便，只要用银模打压成所需要的装饰图案花纹，编制即成。

4. 牙钎

牙钎挂于胸前右方，是银饰中最小的饰件之一。牙钎的制作很简单，上端安小银圈子一个，以便于套挂在胸前，中央制些虫、鱼、鸟、兽及植物银饰，点缀于其间，下端吊以耳挖、牙钎、马刀等物品。整个配套制作大约需要银子五两，工艺流程细致复杂，也颇费时日。

5. 后尾

后尾苗族叫作鸟兔。制作时主要是用银子打些花草、藤叶连缀而成。约四寸宽，二尺五寸长，吊于背后。也有制成银盾形态连缀的，手工亦细，需要银子约十余两。在苗族妇女装饰品中，从头至肩至腰，装饰齐备，才能佩戴后尾，如果没有牙钎，也就不必佩戴后尾了。

6. 银花银蝶

银花银蝶是银饰中的零星饰件，有独立成品的，但主要是在制作各大件时作配件之用。银花银蝶佩戴时，散钉于衣裤围裙之上。其图案有八宝花卉、麒麟、鱼龙等。制作时一般可单独进行，不与其他物件牵连，多是用小型银质模具打压而成。最小的图形有如龙凤、鱼、鸟、兽等。有些是通过银匠师傅用铁剪按照图案剪裁而成的，如各种花卉、镶边、小动物、蝴蝶、蜜蜂、金蟑等。

7. 银挖耳匙

银挖耳匙是银饰中的小件，制作很简单，一般是抽出银丝后用银丝缠绞而成，再在银匙的末端制成一个小勺子，便于挖出耳屎。为了精致好看起见，有些在银匙上面镶些花纹，这是极精细的工作。

8. 银大刀

银大刀是小件装饰品，需银极少，一般由薄银片打压成花纹后，用铁剪刀按照图型剪制而成。银大刀长约一点五寸，宽约五毫米。

9. 银剑

银剑是小件装饰品。需银子极少，一般由薄银片打压而成，上有细小图案花纹。佩戴银剑意在避邪消灾，但必须与银刀等小件饰品一起佩戴。

10. 银鞭

银鞭是小件装饰品，是用先制成的小型银模具打压而成，上面钻有花纹图案，主要作驱恶避邪之用，但必须与银刀、银剑组合佩戴。

11. 银戟

银戟是小件银饰品，作驱恶避邪之用，与银刀、银剑、银鞭制作流程相似。制作所需银子极少，花费工时不多。

12. 银钩

银钩是小件装饰品，佩戴此物有钩住人心之意。制作所需银子极少，所花时间极少。佩戴时必须与银刀、银剑等小件饰品组合使用。

13. 银针筒

银针筒虽说是银饰品中的小件，但它极其重要，是银刀、银剑、银戟、银钩组合佩戴之首。如果佩戴银针筒，就必须佩戴银刀、银剑等小件，组成一组银饰小件装饰品，方能达到佩戴的目的和意义。银针筒需要银子 2～3 两。筒身长约 25 厘米，筒中空心，直径约 10 厘米。针筒配有筒盖，里面装针时可将筒盖盖严，以免针掉出。银针筒制作工艺精细，在筒身上钻有龙凤图案，镶有牡丹、梅花花纹，小巧玲珑，美观大方。佩戴银针筒是苗族妇女聪明能干的象征。苗族妇女最擅长针线技艺，如纺纱、织布、挑花、刺绣、编织花带等，样样都能，件件皆通。所以，银针筒对于苗族妇女来说是不可或缺的，决不能疏忽大意。

苗族银饰种类繁多，花色品种多样，大大小小共有数百余件，真是一个庞大而浩繁的装饰工程系列。除此以外，还有苗族老年妇女银饰品、苗族幼儿及少年儿童银饰品。但最突出和最亮丽的是苗族幼儿童年的银品，其装饰物件主要用在儿童所戴的花布帽上。苗族儿童戴的花布帽有猫头帽、狗头帽、鸡头帽、

▲图3-79　银颈饰与银手饰

鱼尾巴帽、牛头帽、马头帽等多种，但盛行的是猫头帽、狗头帽及鱼尾巴帽等几种。聪明能干的苗家妇女一旦有了小孩之后，会把自己的孩子打扮得如花似玉，漂亮美丽，以显示自己的能耐和家庭的富有。她们最爱在自己孩子的帽子上做文章，喜欢在帽子前沿，装上各种银饰佛像，如送子观音、散财童子、南极仙翁、牛郎织女等各种人物，组合成装饰，象征着吉祥如意，

▲图3-80　银背1　　　　　　　　　　　　▲图3-81　银背2

事事顺遂，家庭兴旺发达，孩子长命富贵，福大命大。有的装饰品是完整的佛像组合，如十八罗汉、二十八宿、三十六天罡；有的是动物组合，如十二生肖；有的是花卉组合，如梅花、桃花、菊花、牡丹、芍药；有的是文字组合，如福、禄、寿、喜、富、贵、荣、华等。不管是哪一种组合装饰，其意义都是吉祥如意、四季平安、易养成人、家发人旺等理念，从而折射出苗家的人生哲理观念。

苗族儿童的银饰，除头上帽子装饰外，还有小型的银项圈、银手圈、银脚圈。有些富有的苗族家庭，还在儿童的花帽上戴上满缀银铃、银坠、银链、银片、银花的小型银凤冠，并且披上银饰披肩，看起来花枝招展，浑身闪烁着银色的光辉，灿若云霞，艳丽无比。

苗族老年妇女的银饰装束就简便得多了。苗族老年妇女都是从年轻时代走过来的，已经品尝过了佩戴银饰的风味，她们曾经表达和显示过自己美妙的青春活力，进入老年之后，再不需要感性地打扮装饰自己了，只是象征性地佩戴一些简便的银饰，如银耳环、银项圈、银戒指、银手镯，其余的银饰就与她们无缘了。不过也有情况特殊者，少数殷实富豪人家，老年妇女同样佩戴华丽的银饰，她们是苗族中的贵族阶层。

苗族银饰广泛地应用于各个方面，除了作为妇女理所当然的盛装外，还用于日常生活。苗民常在使用的农具、住宿床铺、被面、门帘、衣柜箱笼等上有意地装上一些银质饰品。如睡床的蚊帐装饰得十分华丽，在帐的周边和中间，缀满了银花、银片、银附子、银珠粒、银链、银坠等；在房门的门帘上同样装饰有银花、银片、银珠坠等；在使用的刀剑上缠绞一些银丝，镶嵌上一些银指花，美观好看。

第四章 湘西苗族银饰工艺特征和审美特征

第一节　湘西苗族银饰的工艺特征

▲图4-1　头饰

作为传统手工艺品，苗族银饰的制作全部靠手工操作，在湘西几乎都是在家庭手工作坊里完成。

从加工材料看，传统的银饰加工材料是白银。20世纪80年代以前，白银属于国家调拨物资，白银的供应数量有限。80年代以后，白银敞开供应，除了白银以外，白铜、白铁、铝等材料也被普遍选用。如果是银条或银锭，加工的时候依靠高温进行材料分解。铝等其他材料一般不用分解，可直接加工。主要加工设备有小火炉、小铁锅、铁砧、铁锤等，煅制时一般烧木炭。加工工具有各种钻子、錾子、凿子、钳子、镊子等，还有各种模子。模子主要用于产品的浇铸和压摸成型，大体积的银片、浮雕图案等用得多，平面的银花、银扣、胸链、针筒和戒指、耳环等不用或少用。大型的银饰制品如项圈、手镯，一般靠打制，主要工具是锤子，靠锤打出来。造型比较复杂的银饰如八仙人物、龙凤图案、儿童帽子上的菩萨等主要靠模子浇铸，然后打磨上光。

▲图4-2　肩饰

第二节　湘西苗族银饰的审美特征

从审美特点上看，苗族银饰体现出三个方面的艺术属性和审美特色——以大为美，以重为美，以多为美。

凡是盛大节日必有群众的盛装银饰相伴。在苗族人们的心目中，银子属于家庭的主要财产，一套盛装，全套银饰有的多达几公斤，往往要花费上千元甚至上万元。在姊妹节来临的时候，全套盛装的苗族姑娘在芦笙堂里，戴着银饰展示自己的美丽。芦笙堂的首次亮相也是成年礼的象征，宣告姑娘从此进入一个新的人生阶段。银饰在这里代表着一种资格，又成为一种符号。我国其他的少数民族地区，银饰也往往是每个家庭必备的装饰物，也是家庭的保值物品，其他财务如果烧毁则什么都不会留下，而银饰在烧熔后还可以再次使用。家里的银饰越多，分量越重，就表明该户人家的经济状况越好，所以银饰也往往成为民间斗富比阔的重要物品。银因其产量丰富，色泽好，易于加工，在民间被广为采用，成为大众化的最佳选择，这也使得银饰的制作技艺达到了相当高的水平。在民间传说中银有试毒防毒功能，所以有银制的餐具和茶具。苗族笃信银器能驱邪逐魔，民间还传说银子可以避邪除妖，所以成为一种广受各民族欢迎的饰品材料。如云南纳西族的七星披肩，除了刺绣图案外，常用银制的北斗七星装饰；云南基诺族妇女胸前的围兜上饰有银币、银钮、银牌；景颇族和藏族的服饰里也有大量的银饰，形状各异，成为服饰的核心所在。

正因为以大为美，所以苗族人民在盛大节日时，有的穿上重达几十斤的银饰，表达出隆重的节日气氛。银衣以直径十余公分的两片半圆形银片在背部合为中心，周边三四圈银衣片，呈放射状排列，显示出大气繁复的审美特色。由于银饰使用的普遍性及广泛性，再经由漫长的历史发展，银饰制作形成了一门独特的民间手工技艺。银饰的特点体现在工艺精细、纹样丰富、造型独特、功能复杂等各个方面，与民间工艺、民俗生活、节日庆典互相交融，形成独具特色的银饰文化。

总之，苗族银饰可以说是苗族民族文化的综合载体。作为物质财富，它可以显示家庭富有和财产，另一方面，作为精神财富的象征，它更具有耐人寻味的文化含义——苗族银饰作为民族的标志，它起着维系苗族某个社区和其某些具体分支群体的重要作用。国内苗族主要分布于云南、贵州、海南和湖南西部等地区。在同一民族同一支系中，人们往往佩戴同样的银饰，银饰成为族群的识别符号。银饰作为崇拜物，它把同一祖先的子孙紧紧地凝聚在一起；作为婚姻标志，它给人们的婚恋生活带来良好的秩序；作为巫术器物，它从心理上给人们提供生活的安全感和依赖感。因此，苗族银饰已不是单纯的装饰品，而是根植于苗族社会生活中的文化载体。

▲图4-3 盛装银饰

第五章 湘西苗族银饰主要价值

第一节　湘西苗族银饰的历史价值

　　苗族银饰的变化直接反映了苗族社会的发展变迁。目前苗族所见到的最早涉及金银的口碑资料是《苗族古歌》中记载的关于苗族先民运金运银造柱撑天铸日造月的传说。1957年，河南信阳长台关战国楚墓发现5件错铁带钩，2个圆柱形，3个扁条形，满身镶嵌金银三角云纹和斜条卷云纹。证明最迟在战国时期，"苗族的楚国"就开始使用银饰物。《新唐书·南蛮传》记载：贞观三年（629），苗族首领谢元琛入朝进贡的装束是"以金银络额"。明代郭子章《黔记》中"富者以金银耳珥，多者至五六如连环"是史籍中正式出现苗族佩戴银饰的记载。"清道光年间，湘西苗族妇女……项戴银圈，手戴银镯，耳贯银环三四圈不等……头饰则以网巾约发，贯以银簪四五支。"说明苗族银饰最晚在唐代已经出现，明清两代逐步普及。这与我们在山江进行银饰调查的结果一致。据山江黄毛坪村二组银匠、湘西州级苗族银饰传承人麻茂廷介绍：大约在清朝后期，麻茂廷高祖麻善友三兄弟开始向从外地来山江大马的一位龙姓跛子银匠拜

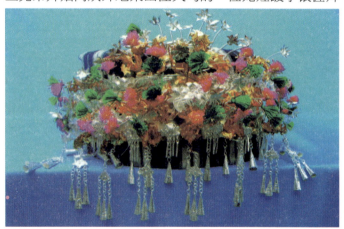

▲图5-1　头饰

▲图5-2　童胸链

师学习苗族银饰制作技艺。后来，此技艺传至其祖父麻喜树、父亲麻清文。麻茂廷 11 岁跟随父亲麻清文学习银饰制作工艺至今。可见，山江苗族银饰加工技艺及佩戴银饰至少也有 200 年左右的历史。解放前，国民党西南大逃亡时，大量银元流散民间。当时山江赶集，人们不是把少数银元收在内衣荷包里，而是用褡裢和背笼，几十块、上百块地带到市场交易。富户嫁女创造了"三十斤银子一个新娘"的纪录，一般农家女也能头戴一顶凤冠，颈套三个项圈。20 世纪 50 年代初期，是落实党的民族政策的黄金时代，从普通的翻身妇女到参加革命工作的妇女干部，都乐意穿花衣、戴银器，把自己打扮得像美丽的仙女。70 年代，"割资本主义尾巴"使山江银饰作坊处于"地下工厂"状态。改革开放后，1984 年至 1985 年期间，山江银饰制作开始回温，但 1985 年至 1995 年又处于萧条期，主要因为苗族对自我的认同感不足及青年人追求时尚逐渐被汉化的结果，银饰制品无人问津。上世纪 90 年代末，随着苗族民间传统节日不断恢复，特别在民族文化旅游大潮冲击下，2005 年山江旅游收入突破了两百万元的大关，人们对银饰的需求大大增加。山江镇所在地黄毛坪村就有 10 多家银饰作坊，赶场时，拥有 100 多个银饰销售摊点，接待成千上万的客人。银饰生产和销售已经成为山江的一个经济亮点。苗族银饰的盛衰变化直接反映了苗区的社会变迁及苗族人民的生存状况，折射出中国社会的变迁。

　　苗族银饰的造型、图案荷载了苗族的历史变迁。苗族是一个只有独立语言、没有独立文字的民族。苗族的起源、迁徙和发展的轨迹，没有文字作全面的记录，主要从歌谣传说、工艺美术和有关史料反映出来。其中苗族服饰至为重要，被称为"穿在身上的史书"，是一份没有文字的历史文献。作为苗族服饰组成部分之一的银饰，荷载了苗族的历史和发展。苗族银饰种类繁多，造型独特。单就山江苗族银饰来看，从佩戴部位上大体可分为头饰、耳饰、颈饰、肩饰、背饰、胸饰、腰饰、肚饰、手饰和脚饰等十大类。造型成人类头饰有银盆花、凤冠、搜三、桐子花三枝，银梳、银簪、银耙、银莲蓬等；儿童类头饰有双龙抢宝、单狮踩莲、福禄寿喜、八仙赐福、罗汉避邪、银扮吊链等。耳饰包括青年人的瓜子耳环、石榴耳环、龙虾耳环；老年人的吊须大龙头、绞丝耳环、茄子耳环、韭菜边、菱形环、圆环耳环等。颈饰有空心花纹项圈、实心绞丝项圈（1～3 根套）、锉花板式项圈（3 根套、5 根套、7 根套）、特定保命项圈。肩饰有纯银披肩、绣花披肩。胸饰分为银围兜、镶银围兜和悬挂银链三类。镶银围兜上镶嵌着银棋盘、银花扣、银花朵、银寿字、银蝴蝶等；悬挂类有大花胸链、小花胸链（半边型、双狮型、单狮型、羊奶型）、大针筒、小针筒、牙钎、半月吊等。银腰带有的是两个银蝴蝶连接着五根银链子，有的是大花腰带上镶银花。手镯有纹丝镯、麻花镯、空心镯、龙头镯。戒指有连环戒指、印章戒、镶珠戒、锉花戒等。苗族银饰的造型、图案沉淀了苗族社会重大的历史事件、苗族的迁徙历史以及重大的历史变革。

　　苗族银饰记录了苗族历史上的重大事件。如在凤凰山江流行的银凤冠，将龙、凤、鱼、虾、蝴蝶、桐子花、草、吊铃等各种造型图案集为一体，可谓是花团簇锦，富丽堂皇。"楚国贵族确是苗蛮，楚民大部分是降于华夏部落中的荆蛮。"山江流行的凤冠实际上是苗族历史上建立过的三苗国邓国、曼国、蛮子国和"苗的楚国"时，苗族妇女在宫中戴过凤冠龙帽等金银首饰的印证。楚国灭亡时，宫廷中熊氏一支苗民，逃进武陵山脉，带走了华丽的银饰，这就是山江果雄戴凤冠的真正原因。当然，现在的"凤冠"的式样不可能是楚国时期的原样，有了很大的改进和发展。与凤冠配套使用的是"搜三"，由"官刀"、"长矛"和"花棍"共同组成，是苗族人民纪念勇武善战的英雄祖先蚩尤的物化形式。苗族银饰遗存了苗族曾经强大而富足的历史。

　　有歌云："鸟儿无树桩，苗家无地方"，"桃树开花，苗族搬家"，形象地说明了苗族被迫迁徙的历史状况。在湖南凤凰山江和腊尔山苗族地区很少有种荷采莲的农活，也没有养马驯狮的场所，但是荷叶衬花、骏马雄师和凤冠银盆，是山江和腊尔山地区苗族姑娘最钟爱的银牌头饰。这种装扮由祖辈相传，把历史的农耕

湘西苗族银饰锻制技艺

▲图5-3　单狮踩莲

▲图5-4　童帽

喜悦，古代的建国功绩，不断的迁徙历程，都融进了自己的心灵和银饰中。山江及湘黔边界的苗族银饰中，独有三枝桐子花戴在盛装姑娘的头上，反映了祖先开发湘西和黔东，种桐榨油，丰衣足食的生活历程。苗族银饰记录了苗族社会发展的轨迹。苗族银饰中的花果图案和牲畜纹饰记录了苗族作为农耕民族、水乡儿女的生活。在凤凰山江苗族家庭博物馆《鞋帽大观》展室里陈列了各种各样的银扮童帽。童帽上装饰着银制的双龙抢宝、单狮踩莲、福禄寿喜、八仙赐福、罗汉避邪、银扮吊链等。"翻身做主"、"国家主人"、"抗美援朝"、"热爱和平"、"互助合作"、"祖国花朵"、"自力更生"、"勤俭节约"、"人民公社"、"幸福生活"等银字帽徽和银扮等等，记录了苗族人民解放新生、当家作主以及社会重大变革的种种历程，浓缩了苗族人民从蛮荒走来，向辉煌走去的奋斗史、发展史。苗族银饰以其民间活态的存在形式，弥补了官方历史之类正史典籍的不足、遗漏或讳饰，有助于人们更真实更全面更接近本原地去认识苗族已逝去的历史。

第二节　湘西苗族银饰的文化价值

▲图5-5　银披

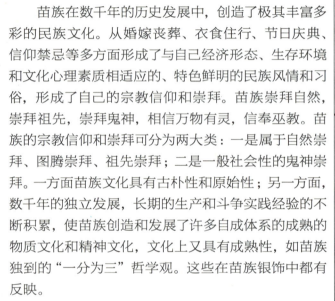

苗族在数千年的历史发展中，创造了极其丰富多彩的民族文化。从婚嫁丧葬、衣食住行、节日庆典、信仰禁忌等多方面形成了与自己经济形态、生存环境和文化心理素质相适应的、特色鲜明的民族风情和习俗，形成了自己的宗教信仰和崇拜。苗族崇拜自然，崇拜祖先，崇拜鬼神，相信万物有灵，信奉巫教。苗族的宗教信仰和崇拜可分为两大类：一是属于自然崇拜、图腾崇拜、祖先崇拜；二是一般社会性的鬼神崇拜。一方面苗族文化具有古朴性和原始性；另一方面，数千年的独立发展，长期的生产和斗争实践经验的不断积累，使苗族创造和发展了许多自成体系的成熟的物质文化和精神文化，文化上又具有成熟性，如苗族独到的"一分为三"哲学观。这些在苗族银饰中都有反映。

一、苗族银饰反映了苗族的宗教观念

苗族银饰中出现最多的造型有蝴蝶、龙、凤、狗等图案。蝴蝶图案在苗族银装饰的每一个佩戴部位都有出现，如小的佩戴饰物有蝴蝶鞋扣，银腰带上有蝴蝶扣绊，大花胸链上有蝴蝶银花，镶银围兜上镶嵌的银蝴蝶，银披肩银凤冠上到处都是彩蝶飞舞，极富灵动之美。苗族为何如此钟爱蝴蝶？这与苗族的宗教信仰、崇拜有关系。苗族是一个多支系多成分融合成的大族，原始崇拜较多，遗留在银饰中的符号也较多。苗族古歌《枫树歌》中说蝴蝶妈妈从枫树心里出来后，与水泡交配产下12个蛋，从12个蛋里孵化出姜央兄妹和雷、龙、虎、蛇、象，以及凶神恶鬼等等，

▲图5-6　银挂

108

蝴蝶妈妈是人、神、兽的共同祖先。其中黄蛋生姜央，姜央是龙蝶的后代，是苗族和人类的先祖。苗族对祖先的崇拜真实生动地展现在苗族银饰中。再如独特的牛角头饰和古老的龙、凤、狗图案，是苗族牛图腾、鸟图腾及犬图腾崇拜的具体体现。凤凰苗族保留了古代的苗姓，苗姓以鸟为代表，所以鸟图腾崇拜的对象不少。如龙姓崇拜喜鹊，吴姓崇拜乌鸦等等。大量变体的神像、佛像、八仙、罗汉、神符，则是楚地民族和湘西苗民特有的楚巫文化、苗巫文化的象征，打上了深深的地域文化的烙印。苗民最先发明巫教，崇拜万物，祭祀多神。凤凰苗族银饰中古老神秘的饕餮纹和多姿多彩的蝴蝶形纹，饱含着苗族崇拜祖先，祭祀族祖蚩尤和分支先祖蝴蝶妈妈的深情。苗族特别钟爱龙，节假喜庆，都要玩狮舞龙，与龙同欢共乐，祈福求瑞。但决不把龙视为皇权的象征，没有不可侵犯之尊。在各种绣品上，可以随意用三爪龙、四爪龙和五爪龙来美化自己的生活。如果龙有不轨，或发雨兴风作浪，或扣雨释放旱魔，苗族就按先礼后兵的处世原则，先到水井或河边"谢叭"（祭龙）求雨。不达目的时，则请法师"奴绒"（捉龙）问罪。风调雨顺后，放龙归位，和平共处。苗族老人谢世，要请法师到水井取龙水陪葬，安葬在龙脉的恰当位置上。挖坑称"挖井"，下葬称"下井"。苗族深信死者灵魂将随龙水通往龙宫，或永远安息，或投胎再生。苗族喜欢龙，特别喜欢龙的原始形象，无论是蚯蚓或蛇蝎，无论是鱼类或是虫蝶，只要在关键时刻或关键地方，都可以赋予龙的真身，龙的灵性。银饰中的龙头耳环、龙头手镯、二龙戏珠、二龙抢宝等各种龙的形象都显现在苗族银饰中。

　　山江苗族"接龙帽"既是苗族执行宗教仪式的不可或缺的道具，同时又是苗族文化的大观园。"接龙帽"可谓集苗族银饰工艺之大观。全帽为纯银制品，重5斤。帽口直径6寸，由银皮衬银丝焊接而成。帽高1尺2寸，

▲图5-7　饕餮纹

▲图5-8　接龙帽

分四层,每层结构各异。顶层为可动花球,由9朵银花、18束彩线花蕊和3把银刀银插配成,可自由旋转。次层为不动花环,由9朵银花,18朵花蕊合成。中层为帽体,帽前分4层装饰。自上而下,牛头两边是蝶恋花,双马奔腾中间有一面照妖镜,然后是九星齐辉、双龙戏珠;帽后装饰也分4层,自上而下是3个神像、3个元宝、两鸟对花、双凤朝阳。帽体两边,各有并排的三块花牌。左牌外沿到右牌外沿距离1尺5寸。6块牌上钻刻着蝴蝶采花、喜鹊闹梅、狮对八卦、凤戏牡丹等图案。下层为花串。帽前两边各2串,帽后5串,共9串。每串长2尺5寸,分9层用银链穿3个蝴蝶、8种花果,配8个吊针。9串共27只蝴蝶,72件花果,72个吊铃,252根吊针。"接龙帽"是有接龙习俗的湘西苗族独有的特产。"接龙",苗语谓之"然戎",即邀请龙。也叫"希戎"即敬龙,是湘西苗族三大祭典之一。品行端正、人才端庄俊美的"奶嘎搭"(龙女)与数十位年轻貌美的"侍女"组成接龙队伍。"龙女"头戴接龙帽,左手撑着花伞,右手环抱银壶,缓步紧跟苗祭师。接龙队的姑娘们,头顶龙凤呈祥的凤冠,身穿五颜六色的花衣和百鸟朝凤的百褶裙,耳戴金龙环,颈挂银项圈、银链,右手撑着花伞,左手拿着洁白的手巾,按苗祭师的铜铃声和锣鼓点子,有节奏地前后左右摇动,跳起接龙舞。以女色献媚龙神,以期得到龙神的护佑。"接龙"突出了"人龙一家"、"人龙合一"的理念。苗族银饰接龙帽特制的三对银牌以及"三"字倍数的频繁出现,明显透露出苗族"一分为三、三生万物"的哲学观,显示了苗族文化的成熟性。

二、苗族银饰是苗族节庆文化的精魂

苗族服饰分为便装和盛装两种。便装为苗族女性家居和劳动所用,盛装为苗族女性在特殊日子如婚礼及苗族重大节日中所穿。苗族银饰是苗族盛装中的精华。苗族高度发展了人类的节日习俗,一年中有相当多的节日聚会活动。如川黔滇方言地区的"赶苗场"、"花山节"、"四月八",湘西方言区的"招龙"、"三月三"、"四月八"、"六月六"、"赶秋节",黔东方言区的"苗年"、"鼓社节"、"吃新节"、"姊妹饭节"、"龙船节"、"芦笙节"、"爬山节"等不胜枚举。苗族通过节日来祭祀祖先,祈祷或欢庆丰收,纪念重要的历史事件和英雄人物。节日更是苗族姑娘争芳斗艳、展示智慧与财富的大好时机,是苗族青年男女社交、择偶、缔结姻缘的大好机会。苗族的节日如果没有苗族女性的盛装就没有了节日的灵魂,苗族男女在参加盛大而有兴味的节日歌舞盛会时,一定会把最美丽、最豪华的服饰展示给众人,其中富丽精美的银饰是整个节日的精魂。银光闪耀,银铃叮当,载歌载舞,热闹隆重,欢快浪漫,充满诗性,苗族的这种浪漫特性自古有之。苗族古歌《涉

▲图5-9　节日盛装的苗族妇女

水爬山》记录了苗族人民虽在不断地跨江跨湖、涉水爬山，不断迁徙，一旦五谷丰登、六畜兴旺、生活安定，他们就"要祭苦难的祖宗，要行欢乐的鼓会；要使祖宗看到高高兴兴，要使儿孙看到欢欢喜喜"。于是"女的穿罗穿裙，男的穿绸穿缎；大大的银珈银圈满胸满颈，大大的耳环吊起碰面碰肩；大大的银镯戒指戴满左手右手，大大的头巾围了一圈又一圈"。苗族人民在劳动生产和宗教仪式中，他们用歌舞把自己迷失在这些对象里，获得了很强的美感。苗族服饰是与苗族节日、仪式、舞蹈等融为一体的，苗族的盛装可以说是专为节日聚会而设计的。苗族服饰艺术的精华集中体现在银饰上。台江县施洞的苗族，特别重视银饰。据不完全统计，全套的银饰有五十多件，共三四百两重。其中头饰十八种，造型和纹饰都很讲究。颈胸部银饰十三种，其中有八种是项链。手部银饰中十四种是手圈。衣饰有几十个银响铃和许多银雕片。这样从头到脚，全身"银铠银甲"，不愧为"银裹玉女"、"白色仙子"。湘西苗族接龙时，主持人戴着大银帽，披着银披肩，穿着镶银衣，共重三四十斤，活像一尊"银菩萨"，一条"活白龙"。银饰成为人们欢乐的象征，表达苗家人对幸福吉祥的渴望和光明的祝福。

三、苗族银饰体现了苗族的生存智慧

上个世纪 90 年代，当采集的苗族服饰样本出现在台北国立美术馆展厅时，受到了来自台湾各界的称颂。主持该项展览的罗麦瑞女士用"欢乐民族"来形容苗族的特性。中国苗族绝大多数集中分布于云贵高原及其边缘地带，属于山地民族。贵州东部、东南部和南部以及广西北部地区，属于云贵高原的边缘地带，地势西北高东南低，海拔由千余米逐渐降至 400 米左右，清江水、都柳江、盘江等河流流经其境。这里四季分明，降水充足，物产丰富，景观秀美，是黔东方言区苗族的家园。与这个区域的地理条件接近的是湘西、湘西南、鄂西南、黔东南、黔西北等苗族地区。湘西重要的河流有沅水、澧水、资水、清江水等。气候温暖湿润，植被茂密，林木资源丰富。苗族以山地耕猎和山林刀耕火种为传统生计；同时还有一定数量的人口从事山地耕牧或丘陵稻作生计，商品经济不发达。并且苗族在几千年的历史进程中，先后经历了五次大的迁徙，"苗族的全部历史，就是不断被压迫被驱赶，不断改变生活环境，不断适应新的环境的历史"。特殊的历史、落后的生产方式决定了这个民族的命运与自然休戚相关。大自然是他们赖以生存的物质基础，为他们提供了取之不尽、用之不竭的资源。大自然不仅是他们的物质家园，同样也是他们的精神家园。他们对大自然的馈赠满怀"感恩"，满怀关爱，因而他们在处理人与自然、人与人、人与社会的关系以及人自身的灵与肉的关系中，形成了一套特有的思想观念、行为方式和处理方法，形成了特有的生存状态，保持着一种生态的平衡性。这种生态平衡观蕴藏在苗族服饰中，并使苗族服饰独具特色。苗族银饰的造型主要来源于苗族的现实生活、历史传说、远古神话、图腾崇拜以及大自然的秀丽山川和花草鸟兽。苗族银饰中到处可见伏羲、女娲、蚩尤、盘瓠、仰阿莎、蝴蝶妈妈、龙公龙母等神话传说中的故事人物形象及苗族祖先的身影和遗物。牛、龙、象、虎、狮、鹿、狗、兔、鼠、鸡、凤、鱼、蝙蝠、蝴蝶、蜜蜂、虾等动物造型奇特而夸张；牡丹花、石榴花、梅花、桃花、荷花、茶花、菊花等植物造型独具韵味和魅力。苗族银饰作为苗族服饰的重要组成部分蕴涵了苗族人民崇尚自然和谐、达观浪漫的审美意识。

苗族的生存智慧，借用荷尔德林的诗句就是"诗意地栖居"。所谓"诗意地栖居"就是"审美地生存"。特定的生活环境及与自然和谐共生的生态观养成了他们乐天知命、安然豁达、自由达观的人生态度。在苗族人的情感世界里，很少屈服于男尊女卑的束缚和包办买卖婚姻制度的限制，一般通过对唱苗歌、互赠信物、自由恋爱而结成连理。湘西苗族"赶边边场"，互相对歌、认识、考验、赠物、定情。"姑娘送我织龙带，花带送哥情在怀。带捆我俩做一双，捆你和我做一块。""花带

▲图5-10 欢乐的苗族人民

叠像高粱叶，缠绕细腰重叠叠；不愿借哥说没带，不肯却道未带得。""哥要借物
妹就把，借你银戒拿回家。留哥一样做信物，莫嫌物贱质又差。"男女谈婚论嫁
无论有无媒人撮合，都要互送戒指作为纪念。按凤凰山江习俗，男女双方定亲时，
男方需送女方一顶凤冠、一副手镯、两根项圈、一根胸链、一副耳环等五件套定
情物。钱荫榆赞叹："苗族人民活得酣畅，活得彻底，活得真挚。这充满激情和
生机的艺术节奏，将撕裂一切矫饰和虚伪，将纯真带给未来。"苗族人民的浪漫
特性、积极乐观的人生态度和生存观念在苗族银饰中得以充分体现。苗族的生存
智慧对改善当下人类的生存状态可以提供某些启示和参照，具有实践层面上的意
义。

　　苗族银饰是苗族文化的生动表现和象征，忠实地记录了苗族文化发展的进程，
深含苗族传统文化的精髓，原生态地反映了苗族的文化身份和特色，散发着苗族
的思维方式、审美方式、发展方式的神韵，体现出苗族独具特色的历史文化发展
踪迹，展现出鲜明的文化价值。

第三节　湘西苗族银饰的社会价值

一、苗族银饰是苗族生活的吉祥物

　　由于白银本身质地纯洁，声音悦耳，苗族家庭给女儿取名时多用银字，如银花、银红、白银等。苗族人一般认为：白银质地柔软，象征理想中女性的美德，希望她们长大后在家庭中能够顺应各种不同的遭遇，将家庭维系得更紧密。白银光彩夺目，惹人喜爱，用银命名来表达对女儿的喜爱。还由于佩戴的银器在相撞时，总会发出悦耳的叮当声，女儿如银，未见其人，先闻其声，具有很强的吸引力。银饰是一种吉祥的象征物。有小孩的苗族妇女，一定会在孩子童帽上钉上银八仙、姜太公、观音坐莲、福禄寿喜等；在孩子手镯上吊以玉印、金瓜、葫芦、银盾、银锁等以表示吉祥如意、长命百岁的美好祝愿。这在苗族的生活中表现得极为明显。如果"福、禄、寿、喜"等帽徽有苗汉文化交流的色彩，把苗族人民的多种期望表现得十分直接，那么"保命项圈"和"求安手圈"是凤凰山江苗族特有的避邪、驱恶、祝福的圣物，期望子孙消灾除难、长寿安康，具有祈福功效。陈列在凤凰山江苗族家庭博物馆的清代苗族童帽上，帽徽由"银秤、银尺、银镜、银剪和银算盘"共同组成，寄托了苗族人民对自己子孙后代的美好期望和祝愿。例如，当苗族某幼童生病时，其家人常用银元或某一银饰物夹于已煮熟的热鸡蛋黄中，在幼童胸前来回滚动，银饰物如果颜色变黑，说明孩子中了邪，然后要进行驱邪。苗族银饰中人小钎筒挂链的末端悬挂着挖耳勺、牙钎、小钳等生活用品，用于挖耳屎和剔牙缝既方便又科学，不伤牙、不感染。苗族在漫长的历史长途中，与人交战，为防人暗害，或防野生食品中毒，经常用银器为试探物，银器不变色者可放心食用。传说常用银器物置于水桶和水缸内，可以保持饮用水洁净甘甜，能延年益寿。苗族银饰具有卫生功能。

二、苗族银饰是苗族家庭财富的标志

苗族社会受母系社会遗留观念影响较深，认为女儿优于男儿，应占有一部分财产。女儿出嫁时无论有无赠送礼品的能力，父母都要根据自己的能力，特制一套银器作为嫁妆，作为家庭财产分配的方式赠送给女儿。在每个苗族家庭中都不惜用重银装扮女儿。清嘉庆年《龙山县志》曰："苗俗……其妇人项挂银圈数个，两耳并贯耳环，以夸富。"同治年徐家干《苗疆见闻录》云："苗族喜饰银器……其项圈之重，或竟多至百两，炫富争妍，自成风气。"因为夸富，银饰以大、多、重和以精（高技术高价格）为美。一顶接龙帽要用3.8斤纯银，一套项圈有7根，且锉花镂空镶银扎彩多种工艺并用，与众不同，令人惊叹。

▲图5-11　苗族新娘　太阳王/摄

三、苗族银饰透视出苗族社会的平等观念

服装有物质上的实用功能和精神上的装身功能。原始社会，服装的装身功能主要体现为表现原始的宗教意念。奴隶社会时候，奴隶主阶级为了强化精神统治，把服装作为"分贵贱、别等威"的工具，根据阶级等级规定了相应的冠服制度。封建帝王一直传承着从奴隶社会时期形成体系的冠服制度，等级规定严明。在苗族社会里，银饰的佩戴与服饰一样，无等级区分。不论你是寨老、理老、土司、鼓头及其家属，还是普通老百姓，只要在一个社区生活，人人都可以佩戴一样的银饰。苗族姑娘出嫁时盛装头饰，极其雍容华贵，

但它并非贵妇人的专有，苗家姑娘出嫁时都可以佩戴。西江苗族姑娘出嫁时必须戴银角，如果家里没有，可以向亲朋借用，人们都乐于相借。这些体现了古代苗族社会传承下来的原始平等的民族精神。苗族银饰中的龙不同于中国传统文化中的龙。龙是中国历史上的圣物，而在苗族银饰中的龙的图样中，龙只是动植物大家庭中的普通一员，它可以与各种动植物平等共处于一个项圈之中。龙的形象与别的花样、动物形象搭配特别丰富，频繁地出现在背饰和耳环手镯等饰件上。

四、苗族银饰具有区分人生各阶段不同礼仪的功能

苗族服装历来有识别年龄段的功能。幼年、青年、未婚、已婚、老年等人生的各个阶段，都能在服装上一眼看出差别来，苗族银饰同样有这种功能。一般来说，苗族幼童多佩戴银锁、银项圈、手圈、脚圈，在各种各样的童帽上装扮有各种表示吉祥如意的银饰品，如双龙抢宝、单狮踩莲、福禄寿喜、八仙赐福、罗汉避邪、银扮吊链等。在大多数情况下，银饰主要为未婚女性佩戴，在贵州清水江及都柳江流域，银盛装对主人具有三种含义：表示穿戴者已进入青春期，穿戴者尚未婚配，穿戴者欲求偶。跳花跳月的花场上，姑娘的盛装银饰就向男青年示意了自己有参加谈情说爱活动的资格。还有某些银饰只有未婚女性才能佩戴。贵州剑河苗族流行的女性锁式耳环，就是一个典型的例证。耳环需由母亲在女儿进入青春期之日亲手帮女儿戴上，直到女儿出嫁时才亲手取下，换上坠蝶耳环。苗族女性婚后儿女成人，就将盛装银饰装扮女儿或媳妇，自己只保留耳环、手镯、发簪等少数几种银饰。

▲图5-12 苗族儿童 太阳王/摄

▲图5-13 苗族少女 向民航/摄

▲图5-14 苗族妇女 向民航/摄

五、苗族银饰是区分苗族亚族群的文化符号

从苗族内部构成来看，苗族是一个多支系的民族。苗族历史上，社会发展的一种重要的组织形式是由部落演变为宗支。他们以宗族支系为单位，集体生活，成群迁徙，共同战胜自然灾害，战胜人为的灾难。为了便于相识、相聚，人们以服饰作为宗支的标志。古人对苗族的认识大多是从苗族服饰的色彩款式开始的。服饰是苗族文化表象特征之一，是认识苗族支系的主要依据之一，也是苗族内部支系认同的主要标志。苗族银饰是区分苗族亚族群的一种标志。学术界在苗族方言划分的基础上，将苗族这一族群划分为东部、中部、南部、西部和北部等五个支系，在支系下还可划分出亚支系来。大银帽、大银角是中部方言区苗族的明显标记。当戴凤冠、银盆和搜三的姑娘一上街，人们就知道是凤凰山江的苗族姑娘，银凤冠、银盆花是东部方言区苗族的明显标志。即使同在东部方言区，凤凰山江苗族银饰与花垣和吉首的苗族银饰也有区别。花垣和吉首的苗族银饰无头饰装扮，整个银饰配挂没有凤凰苗族银饰那样富丽堂皇。苗族银饰代表了苗族这一族群特征，是苗族对自身的认同。文化的同一性形成苗族的内聚力，维系着苗族这一族群的生存延续和发展。

▲图5-15　节庆银饰

第四节　湘西苗族银饰的艺术价值

　　苗族银饰审美意蕴醇厚，具有艺术价值。

　　苗族银饰艺术作为一种文化的物化形式，自始至终反映了苗族人民的审美情趣、审美观念、审美理想、审美意识。苗族银饰既是一种社会物质生产活动的产品，也是苗族精神生产活动智慧的结晶，它的审美意识与苗族的社会背景文化观念长期保留了一种交融互渗、浑然一体、不可分割的关系。苗族人民以其精湛的工艺和独到的审美眼光，在银饰中浓缩了自然界一切有形的物象和苗族人民对美好生活的憧憬，体现了一个古老民族沉重的历史和深厚的文化积淀。可以说苗族银饰是苗族审美观念的直接物化，自然美、怪诞美、灵动美、和谐美、繁富美生动地融合在苗族银饰中，体现了苗族银饰丰富醇厚的审美意蕴，具有极其重大的艺术审美价值。

　　苗族银饰的艺术价值主要体现在两个方面：一是苗族银饰的外在美，二是苗族银饰的内在美。

　　苗族银饰的外在美表现在苗族银饰的造型和构图上。苗族银饰从构图和造型上看，它们大多以再现自然物为主，画面丰富多彩且富于变化。造型抓住了形象的主要特征，在写实的基础上夸张、变形，同时借助粗细不一、长短不齐的线条，大小不等的面，似是而非的形，使之既富于变化而又和谐地组合在银饰图案之中。其艺术审美有极强的生命力，显现出苗族银饰图案独特的艺术魅力和美学价值。认真分析山江苗族银饰各种代表作品的图样，发现有两个明显的特点：或朴实好本，或极度夸张。这反映了苗族审美视觉和造型方法的独特性。它追求对事物的完整表现，不局限于视觉定点及物象构造的科学性，而是以对事物的全部感受与意念来表现客观对象，是现实主义与浪漫主义相结合，以浪漫夸张为主，以大量的抽象符号和夸张变形为特点。这种总的文化造型导向，充分反映了苗族的各种文化内涵。

在装饰手法上，苗族银饰图案最突出的一个特点就是幻像与真像交织、抽象与具象手法并用。它常常是将现实的世界打散，将具体的对象肢解后重新构成新的艺术形象和审美空间，表现出一种我们只有在现代艺术中才可能见到的抽象构造意识，如苗族银饰上的对鱼纹，纹样像汉族的太极，含义却有所区别。鱼因多子在苗族艺术造型中往往是一种生殖观念的表达，对鱼纹实际上是一种生殖符号。而用芒纹将鱼纹团围其中，把对鱼纹置于有如日月的核心地位，这就加倍赋予了对鱼纹特殊的价值。一个简单的纹样，不仅具有特定的符号意义，更具有被人们顶礼膜拜的偶像意义，体现了现代艺术的审美追求。

苗族银饰图案结构严密、有序，大小、疏密、粗细、动静对比恰当，点、线、面构成元素处理得体，纹样视觉效果既简单又丰富，体现了装饰与艺术共融的统一性，表现出本民族独特的审美情趣，显示了苗族原始古朴的崇尚意识，也反映出渗透和交融其他民族和近代艺术的多姿多彩的和谐美，它是苗族历史、文化、艺术、信仰的再现。

苗族银饰的内在美表现在苗族银饰蕴涵了苗族独特丰厚的文化内涵，即通过苗族人民的审美情趣、审美观念、审美理想所表达出的对美好生活无限的追求和向往。苗族银饰图纹的美学价值主要从记录苗族的历史、文化习俗，反映融会在宗教信仰中的哲学思想和具有超时空的恒定性的艺术魅力上得到体现。苗族银饰图纹记录和体现了苗族的历史和文化习俗，这方面的美学价值是显而易见的。从银饰的动植物图纹上反映了苗族的文化习俗；从图腾图纹中折射出苗族原始古朴的思想；从自然景物的图纹中，也同样表现出苗族的文化习俗和崇敬自己的理念。这些形成了苗族人们的审美情趣和民族性格特征。苗族银饰图纹的美学价值是珍贵的、永恒的。

第五节　湘西苗族银饰的经济价值

　　苗族银饰体现了苗族社会的经济发展，具有经济价值。就凤凰苗族银饰而言，最先风行银饰的是阿拉地区。因为凤凰的开发，是沿锦江从麻阳向铜仁发展的，到安静关时峰回路转，开发了阿拉一带，再从阿拉沿龙塘河下到沱江。所以阿拉的苗族银匠从麻阳将成熟的银饰制作技艺带到了阿拉一带，在那里背靠铜仁、麻阳，面向山江、腊尔山，交流物资，学习技术，为苗族银饰发展创造了良好的条件。解放初，阿拉的苗族姑娘，穿戴阿拉的华丽银饰，曾代表湘西苗族到北京接受毛主席和周总理的接见。解放后，国家落实党的民族政策，为了满足苗族人民的需求，国家专门安排平价银做首饰。山江作为苗山的门户，民族贸易的中心，得到了经济发展的良机，苗族人民生活普遍提高，不但普通苗女甚至女干部都争着打扮自己。近几年来，民族文化旅游业的兴起，为苗族银饰的发展带来了机遇。特别是在民族文化旅游大潮冲击下，山江 5 年来（2002—2007 年）的旅游收入突破了两百万元的大关，且每年以 20％以上的比例增长。钱包开始鼓起来的老百姓进一步打扮自己。2003 年夏天，宋祖英回乡参观苗族博物馆时，有 2000 多名着盛装的苗族妇女迎接她。她对陪同返乡的著名导演夏岛说："你看我们的民族多么美，个个都成了银菩萨大美人。"一个普通苗女一套盛装（包括银饰）最少要 5000 元，2000 人的穿戴最少值一千万元。难怪银匠龙米谷 2005 年的收入突破 5 万元大关。龙米谷，黄毛坪村一组组长，男，59 岁，小学文化。龙米谷 12 岁时，拜山江镇东旧村张成龙为师学艺。现他与妻子、小儿子三人每天工作 10 多个小时，专门从事

▲图5-16　苗族服饰表演　钱建恒/摄

银饰加工，其田地让给他人耕种。他不带徒弟，手艺只传给家人。龙米谷加工的银装饰品种类多，做工精细，上门订货的人络绎不绝。广西、贵州、凤凰周边乡镇火炉、吉信、腊尔山等地人都上门订货。尽管是冬天，全家人从早晨7点要工作到下午6点，夏日从早晨6点要工作到深夜2点，还是供不应求。山江苗族服饰银饰用品摊位已达到150多个。各地游客争相购买这些做工精细造型独特的苗族银饰品，苗族银饰生产和销售已经成为山江的一个经济亮点，如果发展成为一个产业，将更大地促进苗区的经济发展和社会繁荣。经济繁荣带动了银饰的生产，银饰的生产又促进了经济的发展。因此，在积极抢救与保护非物质文化遗产的前提下，遵循"保护为主，抢救第一，合理利用，传承发展"的原则，可以对非物质文化遗产加以合理利用，适当将其转化为经济资源，合理开发利用其经济价值。从这个意义上来说，苗族银饰具有重要的经济价值。

　　长期以来，苗族与汉族、侗族、水族、布依族、彝族、土家族、瑶族、白族等十几个民族毗邻居住或杂居相处。历史上，苗族与这些民族发生过各式各样的族际关系。在各民族的文化互动中，苗族吸收来自不同民族的文化要素，同时又对相关民族的文化造成了深远的影响，形成了"你中有我，我中有你"的局面。这些现象在苗族银饰中都有一定的表现，如麒麟送子等构图造型。由此看来，苗

▲图5-17 集市的银饰摊位

族银饰在我们的眼光中不再是单纯的工艺品，它在苗
族肥沃的文化土壤中，在苗族图腾宗教历史与民俗生
活的包围中，其价值得到极大的拓展。作为民族的外
在标志，它起到维系苗族内部的作用；作为崇拜物，
它有一种凝聚力；作为宗教器具，它给人们以精神抚
慰；作为人生礼仪标志，它维护着社会良好的秩序；
作为愿望的表达，它为人们提供美好生活的憧憬；作
为一种载体，它反映了各民族文化间的交汇与互动，
促进民族的融合与繁荣，促进社会的和谐与发展。

　　苗族银饰锻制技艺被列入国家第一批非物质文化
遗产名录，表明了社会对苗族银饰的广泛认同。这种
认同感将极大地激发苗族人民的民族文化自豪感，为
民族文化的保护和传承提供动力。

第六章

湘西苗族银饰传承谱系

　　在苗寨有专门从事银饰制作的工匠，苗族人民称他们为"凝将"（即银匠）。由于历史的原因和地域关系，苗族中的银匠师为个体手工业者。他们一旦从事了银饰的制作，就以其家庭为作坊，进行银饰的打造和制作。银匠师虽然是个体手工业者，但在苗寨他们被称为能人或高人，受到苗族群众的爱戴和尊敬。从事银饰打造和制作的银匠师，一旦掌握了银饰打造制作的技艺以后，就成为个人所有的技艺，是不随便向外人传授的，知识产权为独家所有。因此，在苗寨形成了多个家庭私人垄断的银匠师，各自独立从事自己所喜爱的银饰打造工作。他们默默无闻地工作，为苗族人民的生活增添了光彩。苗族银匠的手艺绝不外传，是地地道道的家传，一旦银匠师年纪大了，不能从事这项工作了，他们就将其手艺传授给自己的儿子或孙子，就这样他们父传子、子传孙，一代又一代地传承下来，多的可达十多代，少的也有三五代。这一传承方式具有着浓厚的家庭色彩。高超技艺为私人家庭所有，其最大的特点是保证了银饰打造制作技艺的真实性、系统性和完整性，这对银饰技艺的传承与发展是有其可取之处的。银饰打造制作技艺以其家庭个体的传承方式虽然好处很多，但也有它的缺点和局限性，一旦一个家庭消亡，或者因其他原因迫使这个家庭放弃了银饰的打制技艺，那么其银饰技艺也会随之湮没或消亡。由于这些因素的存在，使得苗寨从事银饰制作的银匠师傅数量大减，有很多苗寨已经没有银饰制作的银匠师了。继承从事银饰制作的银匠师傅越来越少，可以说是凤毛麟角、寥寥无几了。下面介绍凤凰县几个主要的苗族银饰传承谱系。

第一节　山江麻茂庭谱系

　　山江镇雷打坡村的麻茂庭银匠师，从他的曾祖
父起到麻茂庭的手上前后已经传承了五代人，约有
一百二十多年的历史了。在山江苗寨，麻家是小有名
气的银饰匠。麻茂庭的曾祖父名叫麻富强，因为家里
很穷，从小就给别人放牛砍柴，生活十分艰辛。光绪
十三年（1887），他家的外房亲戚有一个叔父，是从
事多年打制银首饰的银匠师，他长期患病在家，又没
有儿女继承自己的事业，眼看这份手艺就要失传了，
他左思右想，最后想起了麻富强，觉得这个小孩聪明
老实，又十分勤快能干，最后下定决心，收麻富强为
徒，破了银饰技艺不能外传的古例。麻富强被远房叔
叔收为徒弟之后，除了专心致志地学习银饰打制手艺
外，同时还经常照顾远房叔叔，赢得了远房叔叔的欢
心。麻富强在远房叔叔亲自指教下，不到五年时间，

▲图6-1　山江麻茂庭谱系

学会了银饰打制的全部技艺。麻富强接手后，成了一名专职银匠师，他又传给大儿子麻青林。麻青林肯动脑筋，从父亲手中接过了这门手艺，没有满足原有的技艺，总想多开辟一些银饰品种，使银饰销售市场更加看好。于是，他通过自己的刻苦钻研，在原有银饰打造制作的品种基础上又创造了十多种银饰品种，发扬光大了他家这个传承谱系的银饰制作技艺。

麻青林往下传给了儿子麻青文。麻青文是麻家的第四代传人，他从11岁时起就跟着父亲学习银匠手艺，因此，他的银饰打制技艺更加全面成熟。民国年间，由于时局动荡不安，社会也不安定，学手艺的人也时刻受到冲击，终日惶惶不安。麻青文凭着自己的手艺吃饭，他为人十分谦虚和老实，因此，在山江苗寨自己摆摊设点，也勉强能维持下去。建国后，由于历史的原因和社会的原因，个体手工艺是一个特殊的行业，没有加入其他手工制造团体，转入了家庭私人制作的作坊，不再在外墟场集市摆摊设点，生意也就越来越清淡，再没有以前那样红火了。因为生意冷清，麻青文一边在家参加劳动生产，一边闲空就打制点银首饰，补点家用，但这门祖传手工技艺始终没有放弃，并把这门手艺传给了儿子麻茂庭。麻茂庭有文化知识，思想特别开窍，因此，学习银饰手工技艺不十分困难，加上他自己的努力和父亲的精心指导，不到几年工夫，麻茂庭就全部熟悉和掌握了银饰打制技艺，并且对祖传的银饰打制技艺还有所发展和创新。麻茂庭是麻家第五代银饰手工技艺的传人，从1978年学艺起，至今已近三十年。俗话说，"树越长越高，艺越学越精。"在这近三十年的日子里，他由不喜欢到喜欢，由不会到会，由不精通到成熟，终于成为山江苗寨很有名气的银匠师，把麻家祖传的银饰打制技艺发扬光大，传承连接下来了。

第二节　山江龙米谷谱系

　　龙米谷系凤凰县山江镇黄茅坪村人，师从山江镇东就苗寨的张六林师傅。张六林家住山江镇东就村，其父叫张老五，也是一位银匠。张老五在山江镇上开设了一个银匠铺，由于他的手艺好，银匠铺的生意也比较红火兴旺，一家人的吃穿也不成问题。张六林是张银匠的长子，从小跟随父亲学习银首饰打制技艺，由于他聪明好学，加上父亲的悉心指导和传授，张六林也成了一个小有名气的银首饰制作师傅。张六林收龙米谷为徒到银匠铺里学艺，龙米谷是张六林银匠师傅的传人，他从张银匠那里学得一手银饰打制的绝活。龙米谷在银首饰技艺的制作方面大胆革新创造，特别是根据销售和需求对象的不同，为顾客打制品式新颖的银首饰，因此，他打制的银首饰销路十分好。龙米谷又把手艺传给小儿子龙炳周。在父亲细心的指点教授下，龙炳周掌握了银饰制作的全部技艺，成了第三代传人。

▲图6-2　山江龙米谷谱系

第三节　勾良龙云炳谱系

　　勾良村龙云炳在清末年间流浪到贵州松桃后被松桃一吴姓人家收养，吴家是祖传苗族银饰手艺人，吴银匠已是六十花甲之人，正愁没有儿子接自己的祖传手艺，收养了龙云炳为义子后，吴师傅便把自己的家传手艺传授给龙云炳。龙云炳手脚很勤快，能吃苦耐劳，几年时间后，他就把吴银匠那一套银饰打制手艺全部学到了，在家里开设了一个银饰打制作坊。由于吴师傅的名气加上龙云炳精湛的手艺，生意十分兴隆。龙云炳于1950年初带着一家五口人回到了阔别二十年的故乡勾良苗寨。龙云炳现在已是七十多岁的老人了，三个儿子都先后结了婚，长孙龙成章十分喜爱苗族银饰这门手艺，龙云炳便将手艺传给龙成章。龙成章虽然年仅十五岁，但他从十三岁起就开始跟爷爷学艺了，他自己十分热爱这门手艺，加上爷爷精心辅导和指点，已基本上掌握了银饰打制手艺的全套技术，有时还自己独立进行操作，成了一个小银匠师。

▲图6-3　勾良村龙云炳谱系

第四节　腊尔山石春林谱系

　　石春林是腊尔山镇比较出名的银匠师傅。石春林家世代住在夺希镇，在他祖父那一代，就学会了银饰打制手艺。石春林的祖父名叫石成富，年轻的时候当过兵，在部队上给一个清朝把总当勤务兵，把总的老父亲是个银匠师傅，喜欢这个年轻的士兵，收石成富为徒弟，精心传授给他手艺。三年后满师，石成富也不当兵了，他学会了打制银饰的手艺，回家开设了一个打制的小店铺，专门打制银首饰。夺希镇是与贵州松桃县交界的地方，每逢场期，松桃县的正大营、长坪、瓦窑等地的贵州苗族都要到夺希赶集，一些苗族姑娘和妇女喜欢石成富打制的银饰，因此，上门采购的、揽生意的、订货的都到石成富的银饰铺来，他的生意十分兴隆。

　　石成富银匠又将手艺传给二儿子石云银。石云银接过父亲的手艺后，他的私人银匠铺越办越兴旺，在腊尔山台地远近闻名。石云银先后生了五个儿女，大儿子石春林，二儿子石春狗，还有三个女儿春花、春梅、春桃。石云银老银匠师又传艺给大儿子石春林，石春林从小就跟父亲学艺，成为石家第三代传艺人。石春林虽然年纪才四十出头，但他从事银饰手艺这项工作已经有近三十年的工龄了。三十年的手工技艺时间不短，加上他勤快能干，对技术精益求精，打出来的银首饰造型新颖，美观大方，很受苗族群众喜爱，苗族群众亲切地称他为"玛若泥将师"。

▲图6-4　腊尔山石春林谱系

苗族银匠师传承谱系一览表

谱系	代名	姓名	性别	族别	出生年月	传承方式	家庭住址	备注
麻茂庭谱系	第一代	麻富强	男	苗族	清末	学艺	山江镇	已故
	第二代	麻青林	男	苗族	清末	祖传	山江镇	已故
	第三代	麻青文	男	苗族	清末	祖传	山江镇	已故
	第四代	麻茂庭	男	苗族	1954.6	祖传	山江镇	
龙米谷谱系	第一代	张六林	男	苗族	清末	祖传	东就村	已故
	第二代	龙米谷	男	苗族	1947.3	师承	山江镇	
	第三代	龙炳周	男	苗族	1982.5	师承	山江镇	
龙云炳谱系	第一代	吴银匠	男	苗族	清末	祖传	松桃镇	已故
	第二代	龙云炳	男	苗族	1928.2	师承	勾良苗寨	
	第三代	龙成章	男	苗族	1989.2	祖传	勾良苗寨	
石春林谱系	第一代	石成富	男	苗族	清末	师承	腊尔山夺希	已故
	第二代	石云银	男	苗族	1943.7	祖传	腊尔山夺希	已故
	第三代	石春林	男	苗族	1964.11	祖传	腊尔山夺希	

第七章　湘西苗族银饰代表人物

第一节　后起之秀麻茂庭

麻茂庭是麻茂庭传承谱系的代表人物，1954年6月出生在凤凰县山江镇马鞍山村一个世代为银匠师的家庭，父亲麻青文是其谱系的第三代传人。麻茂庭是长子，从小聪明伶俐，对他父亲一整天一整天地埋在家里做银首饰，作为小孩子的他根本不懂，而且也无法弄懂。不过麻茂庭年纪虽然小，但也很喜欢银首饰，看到父亲作坊的桌子摆满了各种各样的银饰品时，他也喜欢去看一看，用小手去摸一摸，甚至拿起来玩一玩，并好奇地问父亲这些好玩的东西有什么用。父亲只好简单地跟他说是给大姐、姑姑打制的，让她们戴起来漂亮好看。见麻茂庭喜欢银饰，麻青文十分高兴，萌生了把这门手艺传授给他的念头。按照这门手艺传人的规定，一旦学了这门手艺就必须经受三大考验：一是人品，二是艺德，三是艺志。人品就是为人要正直，品德要高尚，决不胡闹和祸害百姓；艺德就是要把真情、真爱、真心奉献给百姓，制作出来的首饰工艺品绝不能丝毫做假，否则就是违背祖师的严训；艺志就是要真心真意地爱上这门工作，对自己的这份手艺要吃苦耐劳，锲而不舍，精益求精，绝不能有半点怨恨退却之心。麻青文见麻茂庭长大后立志银饰手艺，决心把这门祖传手艺传授给他。1970年，刚满20岁的麻茂庭正式跟父亲学艺，这个身体壮实矮矮墩墩的年轻人，胸藏一股虎气，刻苦钻研制作银饰技艺，一年四季整天关在自己屋子里的小作坊里，很少走出过家门，和父亲一样一心一意地从事银饰打制工作。父子二人在家里开了一个家庭作坊,公开向外销售。主动上门订货的人络绎不绝，门庭若市。这时因为其父的身体越来越虚弱，仅仅做些指导性的工作，制作银饰麻茂庭为主父亲为次。麻家的银饰制作手艺越来越兴旺，在山江镇撑起了一片蓝天。

麻茂庭自从担任银饰制作的掌门人后，为了适应时代的需要，在原有祖传银饰制作技艺的基础上不断地进行一些革新和创造。他在银饰的雕刻、镂空、花纹配制等工艺方面，进行了一些加工创造，打制出来的银饰更加精致美观。他大胆地创造出一种苗族银饰从未有过的超大披肩，比原来的披肩要扩大三四倍。他创造的大型银披肩，结构严谨，构图新颖，花纹图样增多，看起来舒展大方，精美无比。

▲图7-1 麻茂庭和他的作坊

第二节　能工巧匠龙米谷

　　龙米谷是龙米谷传承谱系的代表人物。1958 年刚满 12 岁的龙米谷，进了山江镇小手工业者联合会，正式跟其谱系的第一代传人老银匠师张六林学艺。张六林银饰制作技艺系祖传，银饰打制手艺十分精湛。龙米谷在张师傅的麾下整整学艺三年。1962 年由于是困难时期，小手工业者联合会办不下去了，只好宣

▲图7-2　龙米谷的作坊

布解散，所有的从业人员，采取从哪里来再回到哪里去的政策。从事银匠业大半辈子的张老师父也失业回家，龙米谷也被遣散回家务农。龙米谷虽然跟张老银匠师只学了三年手艺，但凭着聪明和悟性，已基本掌握了较为系统的银首饰手工制作技艺，完全可以独立工作了。龙米谷正因为有了这份手艺，他回到家里后，一边参加农业社的生产劳动，一边还继续做他的银饰打制手艺工作。

张氏祖传银饰手工技艺在山江镇的各门派中是比较有影响的一派，它的特点是在继承传统的基础上有所创新，因此，张氏银饰比较精致新颖，喜欢的人也比较多。龙米谷思想比较开放，不是一个墨守成规的人，加上他年轻又有文化，打制出来的银首饰备受苗族妇女和苗族姑娘的欢迎和喜爱。龙米谷打制的银首饰既保留了传统本色，又有所革新创造。因此，从银饰的构图到图纹设计编排，从品种的式样到色彩的匹配等方面，都显得匠心独运，特色鲜明。由于这些原因，龙米谷银匠师的银饰品的销路从地域范围来看显得更为宽广一些。他的银饰品销售的对象很多都是远道而来的人，而且外县或外省来的人比较多。他的银饰销售范围远至贵州省的铜仁、松桃及四川省的秀山县，近至湘西州的花垣、保靖、吉首、古丈、泸溪等地。

第三节　与时俱进傅新华

▲图7-3　傅新华银匠铺

　　有古城老银匠铺称号的傅记银号，已经传承了几代人。傅新华是傅家的第八代传人。

　　傅新华初生牛犊不怕虎，凭着一股钻劲和冲劲，硬是拼出了一份风风火火的事业来。傅新华是傅记银号的传承人，但老傅记银号铺早在三四十年前已经停业，到他父辈手上已经是一无所有，重开银号确实困难不少，好在他本人很有悟性，加上他家旧有的资料，这个不信邪的年轻人，就大胆地干了起来。在他父母亲的悉心指导下，傅新华初步掌握了一些银饰打制的工艺技术，2000 年老傅记银号铺的招牌又重新挂了起来。傅记老银号虽然重新亮起了招牌，但在继续发展的问题上面临着两种选择，即是继承传统还是在传统上创新、采取两条腿走路的方法。经过深思熟虑后，傅新华认为傅记银号是老招牌，但往日的光彩已名存实亡，只有在原有的基础上大胆地进行改革创新，不走回头路，才是傅记老银号今天的出路。在选择品种方面必须有一个侧重面，不能千篇一律按照传统照搬，必须根据市场的行情和顾客的需要而选择品种。通过傅记银号铺几年经营的经验和现实情况的需求态势，傅新华与时俱进，不断改变自己银饰制艺品种和经营方式，以游客需求来支持银号铺的运转，适时调整银饰产品结构，使他的傅记银号铺能够稳扎稳打地向前发展。仅几年的时间，傅记银号铺由 2000 年开始的一个不起眼的小个体加工户体，发展到现在拥有十多间门面的大铺老傅记银号铺，成为凤凰历史文化名城里银饰行业的龙头老大，这真可谓是一个奇迹。傅记银号在傅新华的经营下，闯出了一条银饰发展的道路，他的银号铺越办越兴旺，越办越红火。

第八章 湘西苗族银饰保护与研究

第一节　湘西苗族银饰锻制技艺濒危状况

　　从我国非物质文化遗产整体生存状况来看，随着全球经济科技发展浪潮的涌起，在外来文化和生活方式的冲击下，我国的非物质文化遗产正面临着前所未有的严峻形势：许多传统技能和民间艺术后继乏人，面临失传消亡的危险；一些独特的语言、文字和习俗迅速消亡；大量非物质文化遗产的代表性实物和资料得不到妥善保护；珍贵实物资料流失海外的现象十分严重；非物质文化遗产的研究人员短缺，出现断层，一些民间文学和工艺美术被盗用或掠夺式地粗暴使用；许多传统科技被国外无偿使用，甚至有的被他人在国外申请了商标、专利保护，反过来限制我国的正当使用。另外，长期以来，我国民族民间文化虽得到一定程度的保护和发展，但对它的重视和保护程度尚不及物质文化遗产，未被纳入国家法律的保护范围。比如，轻视或忽视民间文化包括民俗文化在主流文化中的地位和作用；在认识和实践中，"文化遗产"往往被"文物"所取代，"文物"保护被视为对整个文化遗产的保护，从而使非物质文化遗产的保护得不到足够重视；认为随着社会的发展，非物质文化遗产的消失是一种客观必然，主张任其自生自灭；强调在现有经济条件下保护非物质文化遗产的困难，认为目前国家财力有限，无暇顾及，唯有等经济高度发达后，才具备保护条件等。这些认识对有效开展非物质文化遗产的保护工作产生了严重影响。就整个世界范围来说，全球化背景下所引起的全球文化同质化的倾向，各民族文化传统的生存都面临威胁。母语在流失，文化在贬值，意识形态在逐渐改型。文化的灭绝就发生在我们身边。

　　湘西是国家第二批民族民间文化遗产综合保护区，有着十分丰富的民族民间文化资源。这些文化遗产，是湘西各民族智慧与文明的结晶，是连接民族情感的桥梁与纽带，有着悠久的历史和厚重、丰富的文化内涵。但也因为同样的原因，湘西州非物质文化生态也正在发生巨大变化，其生存环境受到严重威胁，许多重要文化遗产正在消亡或失传，一些珍贵的民族民间文化事象正濒临消失，传承的渠道被阻隔，包括苗族银饰锻制技艺在内的一大批具有民族特征的传统技艺也面临逐渐消亡的危险。保护工作形势十分严峻。

一种历史遗产濒危的原因和状态，表现为多个方面：（1）技艺传承代表人物即将失去传承能力，而后继乏人；（2）由于一些强制因素，使原有的民族形式面临被同化的危险，即将失去与民族的联系；（3）由于农业区的消减，使特有的活动场合连续性地缩小而即将消失；（4）人口流动使人们失去原有的兴趣，特有的活动形式无法继续；（5）旅游业的商业目的剥夺了民族遗产的自然传承机会，使其即将被不伦不类的形式所吞没；（6）现代化使一些文化形式的功能消失殆尽，难以吸引人的参与等等。湘西苗族银饰锻制技艺的消亡情形也是这样。

湘西苗族有自己的银匠艺人大约在清朝末年。最初的苗族银匠大多挟铁匠之技艺改行拜师，向汉族工匠学习打制银饰，包揽方圆数十里的银饰加工制作。这些艺人大多为流动银匠，农忙务农，农闲时外出加工银饰。民国初年，银饰艺人流动于湘西的凤凰、吉首、花垣、泸溪，贵州西部的铜仁、松桃，四川的秀山、酉阳等地。20世纪50年代，银饰艺人人数发展很快。当时凤凰县的山江、麻冲、千江坪、木里、腊尔山、禾库、柳薄、两林、吉信、三拱桥、大田、落潮井、都里，花垣县的雅酉、排碧、董马库，吉首县的丹青、排吼、矮寨，泸溪的良家潭、八什坪、洗溪，保靖县的水田河、葫芦、夯沙等都有银匠师傅和银匠作坊。仅凤凰山江的黄茅坪、雷打坡就有四十多名银匠。

20世纪60年代至70年代末，银饰制作业因被当作"四旧"逐渐遭到破坏，很多银匠改行，作坊毁坏，苗族银饰的传承发展受到很大影响。20世纪80年代及以后一段时期，得到初步恢复，但已无法达到以前的规模和辉煌。20世纪90年代，曾经达到了一个巅峰，据调查，仅山江镇就出现了大大小小十几家制作出售苗族银饰的作坊、商店，有的还专门开办苗族银饰手工艺制品厂。但是好景不长，短短的几年时间，商店和苗族银饰手工艺制品厂所剩无几。其原因是大部分为"赶集"而制作和开苗族银饰店的人，看到的仅仅是苗族银饰背后的利润，他们参差不齐的手艺砸坏了湘西苗族银饰招牌，影响了湘西苗族银饰锻制技艺的形象。到了21世纪，在外来文化和生活方式的冲击下，苗族银饰更是传承困难。银饰的加工技艺与传承只局限于一些老年艺人，银饰的加工后继乏人，青黄不接处于濒危的状况。据对凤凰山江的黄茅坪村、吉首矮寨的吉好村、花垣排碧的板栗村、泸溪良家潭的芭蕉村实地田野考察发现，四个村中，仅凤凰山江黄茅坪村有四个银匠师父，其余三个村都没有了。湘西苗族银饰锻制技艺正面临巨大的生存危机。

第二节　湘西苗族银饰锻制技艺濒危原因

导致苗族银饰发生传承困难面临濒危状况的主要原因是：

一、苗族银饰锻制技艺传承人老龄化，后继乏人

苗族银饰传承代表人物老龄化，其精湛工艺后继乏人。由于银饰制作工艺，全是以家庭作坊内的手工操作完成，一般都是子承父业，以家庭为单位。家庭作坊多数为师徒传袭的父子组合，也有夫唱妇随的夫妻组合。世代相袭，手艺极少外传，无法择优而授，致使许多民间艺人秘而不宣的独门绝技未能传承下来，其传承方式相当脆弱，能真正继承和发扬这门传统手工艺的银匠为数并不多。现在还能坚持制作银饰的工匠，大都在 50 岁以上，原有艺人也多数年事已高。在现代打工潮冲击下，银匠后代有不少"弃匠下海"打工挣钱。他们走出家门，视野开阔以后，改变了对本民族工艺的自信心，认为手工制作还不如机械制作省时省料，因此，银饰工匠面临着后继无人的危险。

二、苗族银饰锻制技艺传承困难

银饰锻制是苗族民间独有的技艺，所有饰件都通过手工制作而成。银饰的式样和构造经过了匠师的精心设计，由绘图到雕刻和制作有 30 道工序，包含铸炼、吹烧、煅打、焊接、编结、镶嵌、擦洗和抛光等环节，工艺水平极高。苗族银饰工艺流程很复杂，一件银饰多的要经过一二十道工序才能完成。而且，银饰造型本身对银匠的手工技术要求极严，非个中高手很难完成。年轻银匠缺乏对本民族工艺文化内涵的认识和了解，在外来文化的冲击过程中，为了经济利益和生存空间恶性竞争。过去要求用纯银，要求精湛的工序，现代则以锌、白铜浸银来替代，其工艺流程较传统变得简单粗糙，其样式、

纹饰也是外来文化或其他少数民族文化的移植，有丧失民族个性的危险。一套铜饰才一千多元，而银饰全套则要一万二三千元。于是很多银匠纷纷出走自谋生路。苗族银饰锻制技艺的评估、认定、保护、管理、利用，也缺乏科学、规范的依据。

▲图8-1　生锈的工具

▲图8-2 银腰带

三、原生态银饰品流失严重

据对几个苗族居住区实地田野考察，由于种种原因，很多流传几代的精美银器流失殆尽，花垣排碧的板栗村仅存一套祖传的银饰，泸溪良家潭的芭蕉村也仅存一顶银帽。流失的银饰中，有的流入商家的手里，有的流入外地甚至海外，有的变成私人的藏品，有的埋入地下……这些流失的银饰都是好几代银匠锻制的具有代表性的苗族银饰，随着传承人的逝去，这些流失的银饰也就不可再生和复制。

▲图8-3 龙头手镯

▲图8-4 蝴蝶纹

四、市场需求减少

　　市场需求减少也是苗族银饰濒危的原因之一。以前由于对银饰的大量需求，苗族银饰业极为兴旺发达。银子作为通用货币普及，白银的涌入为加工银质饰物提供了材料，使银饰的流行成为可能，有的地方甚至直接把银钱当作饰物。从历史上看，由于战争及压迫，苗族长期辗转迁徙，"老鸦无树桩，苗族无故乡"的古谚即是他们生活的真实写照；他们把白银作为饰物，同银饰的昂贵和方便携带是分不开的。正是市场的需求造成了苗族银饰的普及，也客观上促进了苗族银饰工艺的发展。凤凰山江以家庭为作坊的银匠户便成十上百，从事过银饰加工的人更是多达数千。这些作坊常是农忙封炉，农闲操锤，皆不脱离农事活动。

▲图8-5 接龙帽

但随着社会的发展，银饰作为苗族妇女的装饰品，其盛行之风也不如前，以前代表富有的大件品也逐渐趋于消失。产品失去市场，工艺也随之失去依托和活力。许多失去市场支撑而又缺乏开发利用潜力的苗族银饰传统制作绝技，因缺少持续的保护经费投入而面临消亡。

▲图8-6　老凤凰银号

▲图8-7　古城银铺

第三节 湘西苗族银饰锻制技艺的保护

一、保护湘西苗族银饰锻制技艺的对策

1. 正确认识湘西苗族银饰锻制技艺保护面临的主要问题

目前，苗族银饰锻制技艺保护面临的问题主要是：第一，传承人老龄化，传统技艺濒临消亡；第二，大量有历史、文化价值的珍贵实物与资料遭到毁弃或流失；第三，随意滥用与过度开发，使得苗族银饰工艺流程较传统变得简单粗糙，损害了苗族银饰的原真性，丧失了民族个性；第四，由于保护工作未能纳入国民经济和社会发展整体规划，与保护相关的一系列问题不能得到系统性解决，保护标准和目标管理以及收集、整理、调查、记录、建档、展示、利用、人员培训等工作相对薄弱，保护、管理资金短缺和人员不足的困难普遍存在；第五，保护意识淡薄，重申报、轻保护，重开发，轻管理的现象比较普遍；第六，适合苗族银饰锻制技艺保护工作实际、具有整体性和有效性的工作机制尚未建立，尤其是政府主导的有效性亟待发挥。

2. 建立有湘西特色的苗族银饰锻制技艺保护制度

一是将普查摸底作为湘西苗族银饰锻制技艺保护的基础性工作来抓，充分利用现代化手段对苗族银饰锻制技艺进行真实、系统和全面的记录，摸清苗族银饰锻制技艺的遗存状况，建立档案和数据库。二是通过制定评审标准并经过科学认定，逐步建立湘西苗族银饰锻制技艺代表作名录体系及保护制度。三是加强苗族银饰锻制技艺的研究、认定、保存和传播。四是建立科学有效的苗族银饰锻制技艺传承机制，在动态整体性保护中使苗族银饰锻制技艺焕发生机。对列入名录的苗族银饰锻制技艺代表作，采取命名、授予称号、表彰奖励、资助扶持等方式，鼓励代表作传承人（团体）进行传习活动。同时，通过社会教育和学校教育，使苗族银饰锻制技艺代表作的传承后继有人。

3. 创新湘西苗族银饰锻制技艺保护方式

创新湘西苗族银饰锻制技艺保护的基本方式，是因为湘西苗族银饰锻制技艺内涵的丰富性，以及它所体现出来的民族性、独特性、多样性，决定了保护方式也是多样的。但实施的基础是立法保护。立法保护是根本性的保护。只有有了健全的立法保护，才会使行政保护、财政支持、知识产权保护等得到保证。

4. 加强组织和领导，狠抓落实

地方各级政府要加强领导，将湘西苗族银饰锻制技艺保护工作列入重要工作议程，纳入当地国民经济和社会发展整体规划，纳入文化发展纲要。要及时研究制定保护规划，加快法律法规建设，注重湘西苗族银饰锻制技艺知识产权保护。要加大保护工作的经费投入，积极引导和鼓励个人、企业和社会团体对湘西苗族银饰锻制技艺保护工作进行资助。要加强保护工作队伍建设，通过有计划的教育培训，提高现有人员的工作能力和业务水平；充分利用科研院所、高等院校的人才优势和科研优势，大力培养专门人才。要发挥政府的主导作用，广泛吸纳社会各方面力量共同开展保护工作，建立有效的保护工作机制。要由文化部门牵头，建立湘西州苗族银饰锻制技艺保护工作部际联席会议制度，统一协调解决保护工作中的重大问题。还要发挥专家的作用，建立苗族银饰锻制技艺保护的专家咨询机制和检查监督制度，并对广大未成年人进行传统文化教育和爱国主义教育。

我们要用科学的发展观指导非物质文化遗产的保护工作，在工作中要敢于创新，勇于探索，突出特色，多渠道多方式多手段将非物质文化遗产保护试点工作搞好，以创新的精神开展非物质文化遗产保护工作。当前，要着重搞好五个方面的创新：第一，启动机制创新。可以采取多种方式启动本地区的非物质文化遗产保护工程，不拘泥于某一固定的模式。第二，保护机制创新。保护工程是一项庞大而繁杂的社会工程，需要社会方方面面的通力协作，共同将这项工程搞好。因此，在保护机制上要敢于创新，可以有国家保护、民间保护、政府保护、部门保护、企业保护、集体保护、个人保护、村寨保护、家庭保护等等。第三，工作机制创新。可以采取三级工作机制、双轨制工作机制、聘用制、招标制、委托制、网络工作制等等。第四，资金保障机制。多渠道多方式筹集保护资金，是关系到能否搞好保护工程的基础。创新资金的筹集机制，有着十分重要的现实意义，资金筹集可以采取政府投入、民间投入、企业投入、外资外商投入，以及建立发展基金、个人基金、专项基金等。第五，宣传机制创新。不仅要靠主流媒体宣传，更重要的是发动民众自觉宣传。宣传要以民众喜闻乐见的方式进行，如广场宣传、街头宣传、流动宣传、墟场宣传、节会宣传、网络宣传等等。

▲图8-8 苗族博物馆

▲图8-9 苗族博物馆九福堂馆

▲图8-10 苗家银坊

二、湘西苗族银饰锻制技艺保护方式

湘西苗族银饰锻制技艺作为一种非物质文化遗产，它所体现出来的民族性、独特性、多样性，决定了保护方式也是多样的。概括来说大体有两种保护方式：一种是静态保护，一种是动态保护。现分述如下：

1. 静态保护

静态保护是非物质文化遗产保护的一种极其重要的方式。静态保护就是博物馆式的保护。将一些濒临消亡的苗族银饰锻制技艺及实物，通过科学论证，运用实物、文字、录音、摄影、录像、数字化多媒体等多种方式记录和保存下来。可运用现代数字技术，以声、光、色、电再现其神韵；用实物陈列保留其原始状态，把苗族银饰锻制技艺的"记忆"留住。静态保护的方法主要有：

（1）实物保护

将流布地区濒临消亡的湘西苗族银饰实物，湘西苗族银饰锻制技艺的工具模具、传统图案，湘西苗族银饰锻制技艺传承人锻制的银饰、使用的实物及作坊等收集保存起来，建立专门的湘西自治州苗族银饰锻制技艺博物馆和展示中心进行保护。

（2）资料保护

用文字、录音、摄影、录像、数字化多媒体等多种方式记录处于濒危的难以传承推广的湘西苗族银饰锻制技艺，进行资料保护。编制《湘西苗族银饰流布图》，编写《湘西苗族银饰锻制技艺流布资料本》，编撰《湘西苗族银饰品种大全》，摄制《湘西苗族银饰锻制技艺》音像专题片等，建立苗族银饰锻制技艺专题档案数据库和网络服务平台。

（3）成果保护

湘西苗族银饰锻制技艺已列入国家首批非物质文化遗产代表作，这是湘西州开展非物质文化遗产保护的重要成果，要将与此有关的保护研究成果收集保存起来，将苗族银饰锻制技艺作为一种成果保护。

2. 动态保护

动态保护也就是活体保护、活态保护，就是在产生、生长的原始氛围中保持其活力，保护现存的技艺主角和培养高水平技艺传承者，或转化为经济效益和经济资源，以生产性方式保护。这是非物质文化遗产保护的主要方式。通过动态保护，可以将非物质文化遗产活态地保存在民众的日常生活之中，并不断地更新传承下去。这也是非物质文化遗产保护的目的，是非物质文化遗产保护倡导的保护方式。我们保护湘西苗族银饰锻制技艺，其目的也是为了传承。所以，动态保护是苗族银饰锻制技艺保护的主要手段。其主要的方式有：

（1）制度保护

制度保护是动态保护的一种有效方式，实践证明这也是一种非物质文化遗产保护的长效保护方式。用制度保护的形式将渐渐濒于消亡的湘西苗族银饰锻制技艺切切实实保护起来，使之能够传承发展下去，这是我们保护苗族银饰锻制技艺要做的主要工作。要建立湘西苗族银饰锻制技艺保护机制，坚持"政府主导，社会参与，长远规划，分步实施，职责明确，形成合力"的原则，把保护湘西苗族银饰锻制技艺工作纳入当地国民经济和社会发展、城乡建设规划当中。要落实保护工作的专项经费。要建立专门的湘西苗族银饰锻制技艺保护工作领导小组和保护专家委员会，制订湘西苗族银饰锻制技艺保护工作实施方案。要建立以政府为主体、社会各界广泛参与的湘西苗族银饰锻制技艺保护机制。

当前要建立和完善州、县、乡三级湘西苗族银饰锻制技艺传承人的保护机制。对全州苗族银饰锻制技艺传承人进行全面的普查登记，建立和制定全州州、县两级苗族银饰传承人的保护名录，建立和完善湘西苗族银饰锻制技艺传承人保护名录体系。对年事已高的老艺人要赶快进行抢救性保护。要建立专门的湘西苗族银饰锻制技艺档案和数据库，及时全面掌握全州苗族银饰锻制技艺老艺人状况，以便及时跟踪保护。流布地区的民保中心要建立和制定本地苗族银饰锻制技艺保护管理的相关制度及实施细则，制定和实施苗族银饰锻制技艺传承人命名制度和传承人资助计划，建立苗族银饰锻制技艺保护专项资金及使用管理制度，将苗族银饰锻制技艺的保护管理纳入年度的目标管理考核制度中，使苗族银饰锻制技艺的保护工作制度化和经常化。

（2）立法保护

　　立法保护是根本性的保护，要加快立法，从根本上加强对湘西苗族银饰锻制技艺的保护。流布地区的各级政府应积极制订保护法规和政策，进一步明确苗族银饰锻制技艺保护的对象、范围、权属，明确各级政府行政部门的职责，从而使苗族银饰锻制技艺保护工作法制化、规范化、制度化，将立法保护和制度保护结合起来。要制定和出台保护苗族银饰锻制技艺及其传承人的相关政策法规，从政策法规上明确保护苗族银饰锻制技艺传承人，使苗族银饰锻制技艺传承人保护有法可依、有章可循，将苗族银饰传承人的保护纳入法治的轨道，保护他们的合法权益。湘西州人大已经制定和公布了《湘西自治州民族民间文化遗产保护条例》，这为保护苗族银饰锻制技艺提供了法制保护的基础和条件。各级党委政府和民保中心，要切实按照《条例》的有关规定，搞好对苗族银饰锻制技艺的立法保护工作，落实好湘西土家族苗族自治州民族民间文化遗产领导小组办公室下发的《关于做好我州非物质文化遗产首批国家级代表作名录申报工作的通知》，做好《中国民族民间文化保护工程试点项目任务书》中有关苗族银饰锻制技艺的保护工作。

▲图8-11　卖银饰的苗族妇女

（3）项目保护

项目保护是动态保护的一种十分有效的方式。项目是指在一定的约束条件下（主要是限定时间、限定资源），具有明确目标的一次性任务，具有系统性、独特性和目标确定性的特点。湘西苗族银饰锻制技艺已确定为国家第一批非物质文化遗产保护项目，这就为保护湘西苗族银饰锻制技艺打下了良好的基础。要根据项目保护的特点搞好湘西苗族银饰锻制技艺保护规划和管理，要根据制订好的保护计划，具体组织实施系统挖掘。要对湘西苗族银饰锻制技艺进行一次全面普查收集工作，尤其是将正在流失的濒危的苗族银饰品种进行全面系统的挖掘。要建立湘西苗族银饰锻制技艺研究中心，对苗族银饰锻制技艺进行全面的研究。要加大对苗族银饰锻制技艺宣传的力度，运用报纸、电视台等新闻媒体和大幅标语、墙报等多种形式，宣传湘西苗族银饰锻制技艺保护的意义、任务和作用，遏制损毁、破坏湘西苗族银饰锻制技艺的不法行为。还可通过公布湘西苗族银饰锻制技艺保护名录、举办湘西苗族银饰锻制技艺代表作展览等方式，鼓励社会各界踊跃参与湘西苗族银饰锻制技艺保护工作，营造良好的保护氛围。措施还包括建立湘西苗族银饰锻制技艺分级保护制度和保护名录制度；建立传承人命名保护制度；抢救与保护具有重大价值和濒危的独有的苗族银饰锻制技艺实物和文字音像资料；在湘西苗族银饰锻制技艺遗产形态比较完整、濒临消失而急需抢救的地区，建立湘西苗族银饰锻制技艺生态保护区；积极申报世界文化遗产；开展民族民间文化保护工程，将项目保护和工程保护结合起来。

▲图8-12 墟场银饰扎堆

（4）传承保护

　　传承是保护湘西苗族银饰锻制技艺的一种主要方式或途径。传承的实现形式大体有两种：一是自然性传承，一是社会干预性传承。前者是指在无社会力量干预的前提下，完全依赖个体行为的某种自然性的传承延续。许多非物质文化遗产基本上是靠这种方式延续至今的，最典型的就是个体之间的"口传身授"，如民族民间的口传文艺、手工技艺、民俗技能等等。但这种方式往往因为社会、经济、文化以及个体的变迁而受到极大的制约。后者是指在社会某些力量干预下的传承，这包括行政部门、立法机构、社会团体的各种行为干预和支持。这其中，通过行政、立法所产生的强制性干预力量尤为重要。这种社会性干预传承主要有两方面：其一，通过社会干预性力量支持或保障自然传承活动的实现，包括采取法律、技术、行政、财政等措施，建立传承人保障制度，促进特定遗产的传承；其二，通过教育途径将传承活动纳入其中，使其成为公众特别是青少年教育活动、社会文化知识发展链条中的一个重要环节。这包括为传承活动和人才培养提供资助，鼓励和支持教育机构开展普及优秀民族民间文化活动，规定有条件的中小学应将其纳入教育教学内容。一些文化机构已将特殊传承活动作为某种"活"的展示，或为传承人提供传承活动的空间或场所。一些教育机构尤其是高等院校也积极行动起来，不少大学开始设立相关专业，开展本科、硕士甚至博士学历教育，如中央美术学院设立了非物质文化遗产中心等等。这些卓有成效的业绩证明，尊重非物质文化遗产的特性，采取适应这种特性的保护方式，是非常必要和重要的。保护

▲图8-13　戴头饰

的重点放在以人为载体的知识和技能的传承上，放在保护银饰制作的传承人身上，尤其是放在保护银饰加工制造的民间老手艺人身上。抓好人的传承和培养，也就抓住了湘西苗族银饰锻制技艺保护的源头。因此，要开展湘西苗族银饰锻制技艺传承人的普查，摸清家底；全力挖掘尚存的传承地和传承人，加强对掌握湘西苗族银饰锻制技艺的艺人的调查登记，明确需要保护的对象；尊重湘西苗族银饰锻制技艺民间自发性传承方式，出台优惠政策和措施，提供一个长期的传承平台鼓励他们传承；搞好普及教育工作，加强队伍建设，举办湘西苗族银饰锻制技艺培训班和各类传习所，推荐专业骨干到有关部门和高校学习等，建立一支湘西苗族银饰锻制技艺保护工作的人才队伍，培养一批新型的湘西苗族银饰锻制技艺传承人；实施鼓励民间苗族银饰锻制技艺艺人带徒传艺，加强湘西苗族银饰锻制技艺的传承力度，使银饰技艺代有传人，将传人保护和传承保护结合起来。

（5）节会保护

节会活动是活态保护的一种重要形式。国务院2005年发布《关于运用传统节日弘扬民族文化的优秀传统的意见》，启动了中国传统节会文化遗产保护工程。由政府主导、全民参与对我国各民族优秀传统节日文化、庙会文化、灯会文化、书会文化、商会文化的首次全国性挖掘、整合、弘扬以及普查、记录和出版、播映的巨大工程，是在国家民族民间文化遗产保护和抢救工程取得初步经验基础上，进一步唤醒全民的文化自觉意识、传承和弘扬优秀传统节会遗产的一次文化行动；

▲图8-14　凤凰银饰节

也是一些曾得益于华夏民族传统节会文化的邻邦国家，如今在不断意欲抢注源于我国的传统节会礼仪、祭典为其国家利益独享的世界口头和非物质文化项目的背景下，一次捍卫国家文化主权和文化利益的文化义举。湘西苗族有赶年场、三月三情人节、清明歌会、四月八踏花节、五月五端午节、六月六赛歌节、七月七、赶秋节、吃新感恩节、跳香等众多的传统节日，要积极开展节日节会活动，举办具有独特魅力的苗族民间传统节日节会，表演丰富多彩的苗族民俗风情、传统歌舞，使湘西苗族银饰锻制技艺在活动中得以传承和展示，让湘西苗族银饰锻制技艺在民族传统节会中"复活"，将节会保护和展示保护结合起来。

（6）基地保护

积极培育湘西苗族银饰锻制技艺保护基地，在凤凰、花垣、吉首、保靖、泸溪五个县市苗族聚居区建立5个苗族文化生态保护点。以凤凰县山江镇为基地窗口，建立凤凰山江、腊尔山地区湘西苗族银饰锻制技艺保护基地，将湘西苗族银饰锻制技艺通过原生态的形式再现，让人们感受原汁原味的湘西苗族银饰锻制技艺，将民族民间的绝活、绝艺在基地保护中"复活"，将基地保护和活动保护结合起来。

（7）开发保护

新经济时代的文化产业更多地依赖流行文化机制，以及全球化的市场及明星机制、经纪人制度和全球营销方式，而这几点恰恰是中国非物质文化产业所欠缺

▲图8-15　琦林丰银号

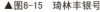

的。我国许多非物质文化遗产项目，对外输出最频繁，却由外国经纪人把持着市场，中方只能赚取廉价劳动报酬，长期以来都处于交易劣势。这是我们在开发保护苗族银饰时要注意的。抢救苗族银饰的出路之一，在于把它推向市场，应用现代文化机制包装苗族银饰，使之形成文化品牌，成为一种新兴文化产业。只有不断创新，将苗族银饰推向市场前台，形成产业化之路，才能让其重新焕发生命活力。"非遗"的保护实践证明，在对有生命力的"非遗"保护过程中，应借助市场力量保护文化遗产，把有生命力的"非遗"项目进行创新，使之市场化。虽然地球村时代的到来，使得我们保护抢救苗族银饰、保持文化多样化的难度越来越大，但也为我们把苗族银饰推向市场提供了契机和平台，我们更应率先把自己的多元文化资源转化成文化产业。苗族银饰完全可以与文化旅游经济挂起钩，把苗族银饰作为文化旅游市场的重要产品，使其在方兴未艾的文化旅游市场上能获得发展的强大助力。2000年以来，随着湘西本土旅游业的发展，银饰也进入到一个较大的发展时期。以凤凰古城为例，八十年代到九十年代只有一家国营的五金工厂，另外有为数不多的几家私人银饰加工小店，生意零落，炉火冷清。但据统计，到2007年，凤凰经营银饰的店家已经有近百家，有加工作坊三十多家。凤凰县山江镇仅黄茅坪村就有龙米谷、麻茂庭、龙喜平三家银饰作坊。每逢赶集日，山江场上有十多家专卖银饰的摊位。贵州省凯里地区也有银匠在这里经营。旅游业的兴起和发展带动了银饰的消费，这样的消费反过来又带动了银饰的加工与制造。如今，银饰加工已成为凤凰古城仅次于姜糖的第二大传统手工艺产业。旅游业的发展无疑成为了银饰发展与演变的强有力的外在动力。

要研究银饰制品的销售市场，适时进行有效的新产品开发与销售，使银饰产品多样化，与新时代的消费时尚接轨。在苗族银饰的内容上丰富、形式上更新，才能推进苗族银饰的广泛传播和传承，并以此来借助市场力量保护苗族银饰。创新性保护是探索苗族银饰传承与合理利用的有效途径，也是最具文化延续性和创造力的保护。创新是保护苗族银饰发展的有益尝试，但创新中最重要的是要注意保持苗族银饰的原汁原味，否则历史将在此断代，传统将在此断裂，文化将在此失传。应用现代文化机制包装银饰产业，目的在于依靠现代文化机制的包装，在保护的基础上，形成苗族银饰产业链。由此可见，发展完善文化新机制，不失为保护苗族银饰的一条捷径。因此，要研究银饰制品的销售市场，适时进行有效的新产品的开发与销售，要使银饰产品多样化，与新时代的消费时尚接轨。

在开展非物质文化遗产保护工程的实际工作中，要正确处理好保护与传承、传承与创新、保护与发展的关系，要认真贯彻抢救第一、保护为主的方针和原则，正确理解合理利用与继承发展的原则。抢救保护是传承的基础和传承的源泉，传承是创新的基础和创新的条件，而创新和合理利用又是发展的基础和动力。反过来，发展又是为了更好地保护和传承。非物质文化遗产要在保护的基础上，将其中的优质基因可持续地传承下去，并在传承的过程中加以创新，进行活性保护和活性繁衍，在繁衍中得到发展，为社会服务，为建设先进文化和经济建设服务，让经济和文化协调发展。在实践中，要创造性地处理好非物质文化遗产保护与发展的关系，不能单纯地强调保护使之博物馆化，也不能为了追求片面的经济发展使之异化，丧失原生态的优质基因。因此，要不断地探索，不断实践和总结，使抢救第一、保护为主、合理利用、传承发展的原则得到更好的贯彻，达到既能使非物质文化遗产得到有效的保护传承，又能在此基础上合理利用使之不断发展的目的。

第四节　湘西苗族银饰的研究

一、湘西苗族银饰研究概述

苗族银饰是苗族民族文化的重要表征，在我国非物质文化遗产保护工作日益受到重视的背景下，被列入首批国家非物质文化遗产代表作名录。苗族银饰综合反映了苗族的历史、文化等情况，是苗族的民族标识，也是研究苗族历史文化的重要载体。苗族银饰历来受到本民族专家学者的关注，不断有新的成果或论文推出。

▲图8-16　盛装银饰

近 30 年来国内学术界对苗族银饰研究的相关著作和论文进行了统计和研究，发现相比苗族对银饰的重视程度而言，学术界对苗族银饰的研究还不够广泛和深入，目前主要是在苗族银饰的分布、种类介绍、历史渊源、特点功能、历程、内涵等方面进行了一定的探讨和研究，且以静态的文本研究为多，较少动态的实地考察和应用研究。研究人员的地区分布不平衡，主要集中在苗族聚居地，若以发表论文或撰写著作为依据，则生活或工作在贵州的研究人员成绩较突出，而苗族相对集中的湘西研究人员显得较为沉默。截止目前，国内对苗族银饰的研究或介绍多是随苗族服饰一起研究，作为其中的一章或一节的内容。除了 2004 年由宛志贤主编贵州民族出版社出版的《苗族银饰》外，没有苗族银饰研究的专著面世。这本书以图片为重点，文字内容只有 1.5 万多字。笔者在中国期刊网进行了苗族银饰研究相关文章搜索，从 1979 年到 2007 年底，共有文章 29 篇，其中以期刊论文形式出现的有 24 篇，硕士论文 2 篇，而这 2 篇硕士论文是地处天津的学校的研究生的研究成果，可见研究现状的尴尬。重要报纸文章 4 篇，从这里我们也可以看到国内特别是苗族聚居地的相关苗族研究人员对苗族银饰研究的力度还是相对薄弱。下面以研究的不同视角为类，对国内学术界的苗族银饰研究的现状和成绩做一梳理和概述。

二、湘西苗族银饰的研究现状和成果

1. 苗族银饰的分类及形式研究

作为国内学术界对湘西苗族研究的第一部专著《湘西苗族调查报告》，凌纯声、芮逸夫在本书中对湘西苗族的生活习俗作了比较详尽的介绍，但是对于苗族的银饰只是稍稍提及，缺乏较为详尽的介绍和分类说明。在第四部分"苗族的经济生活"中的"服饰"部分里只提到苗族的饰物有项圈、耳环、手镯、戒指、银索、银牌等，还提及项圈有绞丝圈与排圈之别，前者平时戴在项上，后者有多至五环的。实际上今天还可以看到七环、九环、十一环的，均为单数。凌先生、芮先生在书中还引用了《凤凰厅志》中的"服饰"条目文字，介绍苗族银饰的基本情况："富者以网巾约发，贯以银簪四五枝，长如匕，上扁下圆，两耳贯银环如碗大，项围银圈，手带银钏"，"其妇女银簪、项圈、手钏，行滕皆如男子，唯两耳皆贯银环三四圈不等"。本书引《皇清职贡图》中所绘清朝湘西红苗的男女服饰中，也可以看到头插银簪，项戴银圈，戴耳环，男人戴手钏、女子不戴的情形，大概不够准确。凌先生、芮先生均未作考辨。

做为本土苗族学者，石启贵先生的《湘西苗族实地调查报告》一书就要详尽得多。在第四章"生活习俗"中，第一节"服装首饰"花了三千多字的篇幅进行介绍。这也是关于湘西苗族银饰较为全面的分类。在首饰部分里，分为银帽、项圈。项圈里又根

▲图8-17《湘西苗族调查报告》

▲图8-18《湘西苗族实地调查报告》

▲图8-19　头饰

▲图8-20　颈饰

据形状分为轮圈、扁圈、盘圈三种。在镯环部分里，根据佩戴位置和形制差异，又分为手镯、指环、耳环三种。在扣钮链子中，分为挂扣、银钮、围裙链子三种。在其他银饰中，分别介绍了牙钎、后尾、银花银蝶、银牌等。在介绍的对象上，石启贵先生的书中也有一些遗漏，比如对成人银饰介绍多，对儿童银饰没提及，另外没有提到一些重要的银饰如银披肩、帐檐上的银链挂饰等，但对于银饰的加工过程、使用方法、重量等均作了较为详细的介绍。石启贵先生对苗族银饰的调查较为全面，但也仅仅是局限于湘西本土，对于湘西以外的苗族银饰则未提及。

　　石启贵先生的分类为后来的研究和分类提供了参考的蓝本。周明阜先生根据湘西博物馆所藏苗族银饰实物资料，在调查的基础上，在《湘西苗族银饰》一文中较为全面地对湘西苗族的银饰进行了分类。他把其分为四类：一是头饰类；二是颈饰类；三是身前身后银饰类；四是镯环类。每一类之下又分为若干种，比如头饰下有银帽、银花大平帽、插头银花、插头银椿花、银凤冠、儿童帽饰等六种。周先生的分类符合湘西银饰的历史与现状，故为多人和多书引用。

▲图8-21　银披肩

▲图8-22　身前银饰

银饰的分类研究一直是个基础性的工作。因为分类标准的不一致，有的从使用地域分，有的从构成来分，有的从使用主体差异来分，因此有多种不同的分类结果。

在宛志贤先生主编的《苗族银饰》这本书中，编者把苗族银饰分为四类：头饰、颈胸饰、手饰和衣饰，并用相应的四节进行介绍。头饰包括银角冠、银帽、银围帕、银抹额、银飘头排、银发簪、银花梳、银发网、银耳环、银童帽饰以及某些在节日中的特定饰物。书中指出：头饰造型传统，纹饰细腻，组合复杂，同时集中体现了苗族人民追求大的审美原则。在这一节中，作者用了 29 幅彩色图片加相关文字逐一说明之。颈胸饰种类包括银项圈、银项链、银排圈、银压领、银胸牌、银胸吊等，书中这节用了 28 幅相关彩色图片和相关文字作了详细介绍。手饰的种类有套镯、手镯、套戒、戒指，书中这节用了 24 幅彩色图片及相关文字对手饰的造型及样式、功能作了细致说明。衣饰种类包括银衣片、银衣吊、银腰带、银披肩以及形形色色的银扣。书中特别指出：重视身后的装饰，是苗族中比较普遍的现象，银衣在这方面尤其表现得淋漓尽致。书中这节用了 17 幅彩色图片及相关文字把衣饰的造型样式及功用进行详细说明。这本书在前人的研究基础上进行了总结概括，对苗族银饰的品类介绍分得很细，图文并茂，形象生动，客观翔实，对苗族银饰的造型展现是逼真的，选取的图片也非常具有典型性，能基本代表苗族银饰种类的客观事实，是迄今为止对苗族银饰品类及造型介绍最为丰富的一本书，具有较高的学术水准和研究价值。

谷锦霞、陶辉合写的《苗族银饰及美学价值》一文，从银饰的装饰部位来对苗族银饰进行了简单分类。其划分与宛志贤主编的《苗族银饰》这本书中介绍的基本一样，突出了"脚饰"这个概念，但没有

▲图8-23 儿童胸饰

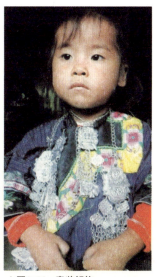

▲图8-24 童装银饰

具体介绍。据查阅相关资料表明，脚饰在苗族银饰中并不具有普遍性，只是一些苗族分支地区的个别现象而已。

梁太鹤在《苗族银饰的文化特征及其他》一文中也对苗族银饰的种类进行了介绍。文中指出：据在贵州地区的调查，按品种计，苗族银饰约有40种，根据使用部位，大体分为头饰、手饰、身饰、衣帽饰等4部分。这种分法与宛志贤主编的《苗族银饰》这本书中的分类实质是一样的。《苗族银饰》这本书的出版较这篇文章晚几年，其划分更细更客观。不过，关于银披肩的归属，二者没有取得一致的意见。文中对苗族银饰样式变化最多的耳环、手镯、项圈、头簪等几个品种进行了重点叙述。在这篇文章中，作者用了较大的篇幅对苗族银饰的造型和纹样进行了梳理和介绍。文章指出：依据银饰的外形及工艺，将银饰分为粗件和细件。粗件主要为一些实心项圈及手镯，用粗银条制成，器表无纹饰或偶加纹饰。接着作者对粗件的特点进行了介绍。细件银饰主要指加工技术精细的银饰，其中不乏大件制品。在这里，作者对银饰图案和纹样进行了详细说明，并介绍了纹样的写实和写意两种表现手法。同时，作者对银饰的加工工艺流程进行了介绍。

▲图8-25　熠熠银光耀苗女

▲图8-26　晨曦

　　当然，还有一些文章和书籍对苗族银饰种类及造型进行了相关介绍，不管使用的概念怎样变化，其基本划分是一致的，只有细微的差别。

　　其实，在苗族生活中还有一种银帐檐链子，它平时不张挂，只有在结婚或其他喜庆日子才张挂，现在更难见到，一般对苗族银饰的介绍也忽略了它的存在。银帐檐链子不随身佩戴，是否应纳入苗族银饰的范畴，还有待商榷。笔者认为，它是饰品之一，在苗族银饰的大家族里占一席之位也未尝不可。银帐檐链子一般做工精细，图案多样，形象逼真，内涵丰富，是银饰中不可多得的精品。

　　学界对苗族银饰种类的划分已取得基本一致的观点，但各地域和分支不同的苗族银饰在造型和样式上还是有差别的，这要在今后的研究过程中加强民间调查，切实把苗族银饰的分类和造型研究做得更客观更科学。学界对苗族银饰造型及样式的内涵还没有进行深入的探讨，苗族银饰的图案和式样造型应该有其内在的所指的意义，可以说每一种造型和样式都蕴涵着丰富的文化信息，都需要深入的探讨研究，不仅要从美学的角度，更要从历史学、文化学、民俗学等角度进行发掘阐释。

2. 苗族银饰产生缘由及发展研究

人类认识世界上的万事万物需要一个过程，对苗族银饰的产生缘由和发展历程的认识也要经过一番研究和考证，才能得出一个较为客观的结论。作为一种独特的文化现象，应该说，苗族银饰产生和发展历程是多方面原因共同作用的结果。下面是对这一问题进行探讨的相关观点。

王维其在《苗族与银饰》一文中从四个角度对苗族银饰产生的缘由进行了探讨。文章从大量的考古史籍材料、苗族先前居住的地理环境、苗民文化心理等方面入手，在客观上和主观上进行了翔实的分析，得出的结论是：苗族银饰的产生一是因为苗族以前居住地是白银产地，能提供原材料；二是苗族先民对白银的特性有较深了解并具备开采冶炼和加工的技术条件；三是苗族人民借此对"以富为美"的审美观念的表达；四是由于苗族特有的巫文化心理驱使。这四个方面共同作用的结果催生了银饰的产生。

宛志贤主编的《苗族银饰》这一书中对苗族银饰的产生也做了相关阐释。书中主要从苗族历史上的"金银情节"入手，分析《苗族古歌》的内容，说明银饰在苗族族群里产生有心理基础；其次从苗族的历史生存条件说明苗族银饰产生的强大精神动因；最后指出白银的广泛流行为苗族银饰的产生提供了原材料。书中认为苗族银饰的产生也有巫文化心理的重要影响。

关于苗族银饰的起源问题，王荣菊、王克松在《苗族银饰源流考》一文中，从饰物的沿袭性和考证的角度，运用了大量的考古文史资料进行阐述，最后提出了"苗族银饰始于汉代，成熟于明代，昌盛于清代和民国，而沿袭至今"的观点。然而，李黔波、孙力在《中国苗族银饰纵横谈》一文中通过相关的史籍及考古资料，提出了"苗族银饰始于明代"的观点。对于苗族银饰起源及发展时间问题，学术界目前还没有定论，还需进一步深入探讨论证。

杨鹓（杨昌国）在《苗族银饰的文化人类学意义》一文中，从文化人类学的角度对苗族银饰产生的原因进行了论述。文中提出了"苗族对银饰的崇拜动机源于金（男）银（女）两性的生殖秘密；苗族银饰艺术萌芽潜藏于巫术图腾活动之中，巫教情感的演进为其自觉发展奠定了心理基础"的见解。这些观点另辟蹊径，视野开阔，新颖别致而令人信服。

在赵祎《试析贵州施洞地区苗族银饰文化兴盛的原因》一文中，作者通过亲身经历和田野调查，对当地苗族银饰兴盛的原因做出了概括：首先是以女性文化为主导的价值取向对银饰发展的影响，其次是民族自信心的推动，最后是地方经济政策的促进。这个概括虽有失偏颇，但有现实针对性，值得借鉴。

考古资料证明，远古时期，用银作为饰品的，不只是苗族，但银饰在苗族一直绵延不断、繁荣昌盛，这绝不是偶然的历史现象。上面对苗族银饰产生、发展的缘由探讨都有一定的可取之处，能自圆其说。对于苗族银饰的起源时间问题，目前还没有定论，这需要更多的历史典籍和考古资料来佐证。不过，需要指出的是，苗族没有文字，它的历史传承靠的是本民族的口传心授以及相关的文化符号和汉族正史。同时新的考古发现，对苗族银饰的产生时间的结论都或多或少产生影响。历史会说明一切的。

3. 苗族银饰的特点、内涵及功能价值研究

宛志贤主编的《苗族银饰》这一书中对苗族银饰的

特点做了如下概括：一是巫文化主宰了苗族银饰的精神内涵；二是苗族银饰中的龙不同于中国传统文化中的龙；三是苗族银饰反映了独特的迁徙文化；四是苗族银饰中可以透视出长期的封建社会中最缺乏的平等观念；五是苗族银饰具有一种展示性；六是苗族银饰特别注重与服饰的搭配。在这本书中，作者指出苗族银饰具有祈愿、体现人生各阶段不同礼仪、作定情物、驱邪、保值等功能。

李黔波、孙力在《中国苗族银饰纵横谈》一文中则对苗族银饰的功能做了另一番阐释，文中指出：首先，苗族银饰具有历史教科书的功能，它大量记录了传说及历史，是苗族无文字文明的产物；其次，苗族银饰具有祭祀的功能；第三，苗族银饰有着避邪的功能；第四，苗族银饰起着识别婚否的标志功能；第五，苗族银饰有馈赠定情的功能；第六，苗族银饰可以表达人们的各种祈愿。

梁太鹤在《苗族银饰的文化特征及其他》一文中则提出苗族银饰主要具有"美的显示"和"显示富有"两种功能。除了这两种功能外，其余的功能和上述的对苗族银饰功能的概括是一致的。

谷锦霞、陶辉合写的《苗族银饰及美学价值》一文对苗族银饰的特点和文化内涵进行了论述，但没有提出新的观点，只是把宛志贤主编的《苗族银饰》一书中和李黔波、孙力在《中国苗族银饰纵横谈》一文中的相关观点进行了重新梳理整合。

龙杰在《苗族银饰的内涵与开发初探》一文中对苗族银饰的文化内涵进行了探讨。其观点为：①苗族银饰是苗族历史的折射；②苗族银饰是苗族农耕文化的再现；③苗族银饰是苗族宗教文化的反映；④苗族银饰是苗族人民写实艺术的反映；⑤苗族银饰是苗族幻想艺术的杰作；⑥苗族银饰是苗族人民热爱生活的体现。这种概括虽然有一定的新意，但是有的观点难免有牵强附会之嫌，并非苗族银饰独有的文化内涵。

苗族银饰是一种符号，人们在不断的使用和创造过程中赋予其文化意义。苗族银饰文化是苗族人民图腾崇拜、宗教巫术、历史迁徙、民俗生活等诸方面的综合反映，苗族银饰的特点和文化内涵与这些因素是紧密相关的。苗族人民爱美，在历史的不断积淀中一直保持着旺盛的生命力，因此苗族银饰的审美特色也是十分明显的。有专家指出：苗族银饰以多、大、重为美。据相关调查表明，苗族女子在重大节日期间穿戴盛装时，银饰的重量可达8～10公斤，从这里我们可以看出苗族人民对银饰的审美追求。目前对苗族银饰的这些相关研究还没有完全揭示其内在属性，因此，加强对苗族银饰的特点、内涵及审美价值研究，是势在必行的，也是未来研究的重点。

4. 苗族银饰的比较研究

事物要进行比较，通过比较，对事物的认识才更为清楚明了。

在宛志贤主编的《苗族银饰》这一书中，作者把苗族银饰与它的姊妹艺术的图案纹饰、功能进行了比较，对二者的异同做了详尽的阐述。作者指出：苗族银饰的各种图案纹饰、造型都来源于其他姊妹艺术，它们的图纹有祈愿、体现人生各阶段不同礼仪、作定情物等功能；同时，作者还对苗族银饰的独特功能进行了阐述，前面已叙及，在此不赘述。

梁惠娥、刘素琼在《浅谈藏苗服饰文化中的银饰艺术》一文中，从形式和文化的角度，对藏、苗银饰进行了客观的区别。在形式上，藏苗族银饰的制作工艺、图案造型、用途等方面有很大的区别。苗族银饰反映了图腾文化、地域文化，注重于图案的表现；藏族银饰则表现出造型文化，着重通过银、宝石等组合方式在形式美法则上表现一种变化统一的韵律美。在文化方面，两个民族银饰的不同体现了不同的民族文化。作者紧接着从文化背景、生产生活方式、地理环境、图腾崇拜和宗教信仰等方面进行了详尽的分析和阐释。最后，作者得出结论：银饰艺术及其文化是受一个地区、一个民族的物质生活和精神生活状态、当时社会的文明程度等各方面影响而形成的。这篇文章开阔了我们研究苗族银饰文化的新视野和角度，对藏、苗两族银饰的比较分析也是较为客观科学的，有利于我们加深对苗族银饰的认识。

对苗族银饰进行对比分析和认识是苗族银饰研究的一个重要方面，我们可以把不同的民族银饰与苗族银饰的外形及彰显的文化内涵进行比较，也可以把苗族银饰与自身的姊妹艺术进行比较，更可以通过历史资料和考古发现的文物对苗族银饰的不同时期的表现进行比较。目前学术界在这些方面做得还不够，需要下工夫。

5. 苗族银饰的田野调查及保护应用研究

苗族银饰是苗族人民日常生活中的一种鲜活的艺术品类，它是任何文字和图片不能概括和取代的，要对苗族银饰有真正的认识，必须深入田野调查，了解实情，再与文本结合，才能达到对苗族银饰有一个全面的认识。目前，随着保护非物质文化遗产工作的大力推进，苗族银饰也得到了相应的重视。但是，查阅相关文献，发现对苗族银饰进行专门田野调查和保护的应用研究并不多，是苗族银饰研究中较为薄弱的环节。不过，还是有一些尝试。

杨晓辉对贵州台江、雷山苗族银饰进行了相应的实地调查，写了一篇文章——《贵州台江、雷山苗族银饰调查》。作者对调查地区的基本情况进行了了解，对当地的银匠基本情况也做了一定的采访，从而了解到了该地的一些真实情况，对存在的问题做了一定的反映。这为怎样保护银饰文化有一定的借鉴作用。

赵祎在调查的基础上，写了《试析贵州施洞地区苗族银饰文化兴盛的原因》一文，对当地苗族银饰之所以兴盛进行了探讨，文章认为兴盛的原因是女性文化为主导的价值取向对银饰发展的影响、民族自信心的激励以及地方经济政策的促进。最后，作者还对如何发展银饰文化提出了有益意见。

唐绪祥在对贵州清江流域的苗族银饰做了相关考察的基础上写了《贵州施洞苗族银饰考察》一文。文章主要介绍了几种常见的银饰品类的相关情况，但在理论上没有多少突破。

龙杰在《苗族银饰的内涵与开发初探》一文中对苗族银饰的应用研究做了初步尝试。作者提出了发展苗族银饰产业的观点，并提出了几种看法：①正本清源，构建苗族银饰产业是苗区旅游经济发展的新亮点；②加快步伐，把小打小闹的作坊经济迅速转化为民族产业经济；③加大宣传力度，提高苗族银饰产品的知名度；④打造精品，实施苗族银饰品牌战略。这些提法很有新意，对保护和发展银饰文化将起到一定的作用。

在苗族银饰应用及传承保护研究方面，天津工业大学的朱晓萌在其硕士论文《从苗族银饰的构成艺术探究其内在价值》中也做了有益的大胆尝试，文章对苗族银饰在服饰设计中的价值进行了分析和论证。文章从多方面分析得出：苗族银饰蕴含厚重的文化气息，蕴含巨大的美学价值（从造型美感、纹饰美感和审美法则处理等方面进行了分析探讨）和丰富的设计理念（从银饰与服装色彩的搭配、银饰与服装装饰部位间的搭配、银饰与身体部位的搭配及银饰之间的搭配等方面进行了探析）。同时，该论文在"苗族银饰的传承与发展"这部分指出：随着社会的变化，银饰也发生了相应的变化，表现为：银饰的外观造型呈简洁的走势；银饰作为财富炫耀的功能意义逐渐淡化，装饰功能逐渐加强。在保护方面，作者提出了保护银饰传承人的观点，建议通过调查、整理和培养传承人的方式对苗族银饰进行有效保护。

在全球化、现代化甚至后现代化环境下，民族民间传统文化的生存空间受到了巨大的挤压，如何在现实环境下实现突围，是值得探讨的重要课题。我们常说：越是民族的，越是世界的。不过，要使民族的东西真正成为世界的，那可不是那么容易的一件事情。苗族银饰是一种具有独特性的文化现象，这种文化事项目前的景况也不容乐观。因此，苗族社会在发展，苗族银饰也在不断变化中，在民族文化受到挤压的现实情况下，加强苗族银饰的调查研究和保护的任务是艰巨的。我们需要对苗族银饰的传统品种样式进行文本整理，更要回到现实生活中，到苗族生活的真实情景里调查苗族银饰现存样态，对其进行翔实的调查和整理，呈现出苗族银饰的真面目。世界在变化，苗族银饰要适合社会的发展，才能有生存的空间。据调查，苗族银饰也在悄然发生变化，不仅反映在原材料的变化上，而且反映在制作工艺、图案样式、审美价值取向等方面的变化上。我们既要承认这个事实，反映这个事实，更要探讨其背后的原因。保护苗族银饰，已达成共识。但怎样进行有效的保护，还是一个问题。谁来保护？是政府组织，还是民间自发？保护什么？是遗留下来的银饰制品，还是银饰传承人？现在能真正算得上银饰传承人的有多少？他们的生存景况如何？在苗族银饰开发利用方面，现在讲文化产业，银饰文化可以发展为产业，但如何把二者有机结合，达到双赢的目的，也是一个重大的课题。

对苗族银饰的研究是一个有意义的重大课题。我们不仅要加强对它的传统文本研究，更要注重田野调查研究，认识其类别，厘清其渊源与历程，分析探讨其文化内涵，彰显其价值功能，探讨其保护利用对策，实现苗族银饰文化的发展与更新。

参考文献

［1］李廷贵，张山，周光大.苗族历史与文化［M］.北京：中央
民族大学出版社，1996.

［2］潘空智.苗族古歌［M］.贵阳：贵州人民出版社，1997.

［3］黄能馥，陈娟娟.中国服饰史［M］.上海：上海人民出版社，
2004.

［4］《苗族简史》编写组.苗族简史［M］.贵阳：贵州民族出版社，
1985.

［5］王恒富.苗装［M］.北京：人民出版社，1992.

［6］苗青.东部民间文学作品选［M］.贵阳：贵州民族出版社，
2003.

［7］潘定智.苗族文化生态研究［J］.贵州民族研究，1994（2）.

［8］章海荣.生态伦理与生态美学［M］.上海：复旦大学出版社，
2005.

［9］龙生庭.苗族东部方言情歌选［M］.昆明：云南民族出版社，
2002.

后 记

　　本书为《湘西非物质文化遗产丛书》首批图书之一。自2007年6月开始启动并分工撰写，到2007年12月完成初稿，历时半年有余。湘西苗族银饰锻制技艺是国家首批非物质文化遗产代表作。这是国家级的非物质文化遗产保护项目，也是湘西最早的非物质文化遗产保护项目，本书的四位作者对此进行了艰苦细致的田野考察，在充分掌握第一手材料的基础上，参考和吸收了前人及当代有关对苗族银饰锻制技艺的学术著作和研究成果，用科学的方法比较分析，对苗族银饰锻制技艺进行了比较深入的研究后再开始撰写。较之以往的同类著作，本书将苗族银饰锻制技艺的工艺流程作为重点描述的内容，并将研究和保护苗族银饰锻制技艺作为该书的重要章节，具有较强的操作性和指导作用，这也是本书的特色之一。本书尽量对相关资料的运用及各种学术观点进行介绍。但作为湘西首批非物质文化遗产图书，仍是探索性的，因而，书中不足之处仍在所难免，唯望读者指正。

　　本书由湘西自治州民族文艺创作研究所田特平研究员、吉首大学文学院田茂军教授、凤凰县民保专家委员会委员陈启贵馆员、吉首大学师范学院石群勇副教授撰写。全书书稿由田特平研究员进行统稿。本书图片主要由康朝晖拍摄。田特平、田茂军、石群勇、凤凰县山江苗族博物馆等也提供了部分图片。

　　本书在编写的过程中，得到了湘西土家族苗族自治州文化局、湘西土家族苗族自治州民保中心、吉首大学、吉首大学师范学院、凤凰县文化局、凤凰县民保中心、吉首市文化局、吉首市民保中心、花垣县文化局、花垣县民保中心、泸溪县文化局、泸溪县民保中心、凤凰县山江苗族博物馆、龙文玉先生等单位和个人的支持和协助，在此一并表示感谢。

田特平

2009 年 12 月

湘西苗族银饰锻制技艺

图书在版编目（CIP）数据

湘西苗族银饰锻制技艺/田特平，田茂军，陈启贵，石群勇著. —长
沙：湖南师范大学出版社，2011.5
（湘西非物质文化遗产丛书）
ISBN 978-7-5648-0473-2

Ⅰ.①湘…　Ⅱ.①田…　②田…　③陈…　④石…　Ⅲ.①苗族－金银饰
品－生产工艺－湘西土家族苗族自治州　Ⅳ.①TS934.3

中国版本图书馆CIP数据核字（2011）第066211号

湘西苗族银饰锻制技艺

◇田特平　田茂军　陈启贵　石群勇　著

◇策划组稿：李　阳
◇责任编辑：刘　葭　罗葵花　李　阳
◇责任校对：蒋旭东
◇出版发行：湖南师范大学出版社
◇经　　销：新华书店
◇印　　刷：湖南天闻新华印务邵阳有限公司

◇开　　本：787×1092　　1/16
◇印　　张：11.5
◇字　　数：180千字
◇版　　次：2010年6月第1版　　2010年6月第1次印刷
◇书　　号：978-7-5648-0473-2
◇定　　价：48.00元